海绵城市
典型设施建设
技 术 指 引

谢映霞　章卫军　等编著

中国建筑工业出版社

图书在版编目（CIP）数据

海绵城市典型设施建设技术指引 / 谢映霞等编著 . — 北京：中国建筑工业出版社，2019.6

（海绵城市丛书）

ISBN 978-7-112-23412-7

Ⅰ. ①海…　Ⅱ. ①谢…　Ⅲ. ①城市-雨水资源-水资源管理-基础设施建设-研究　Ⅳ. ① TU984

中国版本图书馆 CIP 数据核字（2019）第 041337 号

责任编辑：黄　翊　陆新之
责任校对：张　颖

海绵城市丛书

海绵城市典型设施建设技术指引

谢映霞　章卫军　等编著

*

中国建筑工业出版社出版、发行（北京海淀三里河路 9 号）

各地新华书店、建筑书店经销

北京建筑工业印刷厂制版

天津图文方嘉印刷有限公司印刷

*

开本：787 毫米 ×1092 毫米　1/16　印张：17　字数：284 千字

2020 年 10 月第一版　　2020 年 10 月第一次印刷

定价：**175.00** 元

ISBN 978-7-112-23412-7

　　（33710）

本书编委会

总 顾 问

何伶俊　江苏省住房和城乡建设厅

王　虹　中国水利水电科学研究院

主　　　编

谢映霞　中国城市规划设计研究院

章卫军　宜水环境科技（上海）有限公司

编委会成员

何　文　宜水环境科技（上海）有限公司

敖　静　宜水环境科技（上海）有限公司

杨　森　宜水环境科技（上海）有限公司

任希岩　中国城市规划设计研究院

李帅杰　中国城市规划设计研究院

王家卓　中国城市规划设计研究院

杨青娟　西南交通大学

戴　琛　宜水环境科技（上海）有限公司

鸣谢

本书在编写过程中，还得到了新西兰 Boffa Miskell 城市规划和景观设计公司 Chris Bentley，奥克兰市城市雨水管理资深专家周乐、白雪的大力协助。在此一并表示感谢！

还要感谢案例相关城市的客户。感谢你们对本书编写的大力支持，允许我们在书中与读者分享你们的实践案例。

前　言

改革开放以来，我国取得了举世瞩目的成绩，城市化水平迅速提高。然而与此同时，人口迅速膨胀、生态环境恶化、水体污染严重、内涝灾害频发、水资源紧缺等问题也陆续暴露出来，城市发展面临着资源短缺、环境约束等严峻考验。面对这些问题，为了协调城市发展与生态环境的关系，海绵城市的概念应运而生。

海绵城市建设得到了党中央和国务院的高度关注和重视。2013年12月习近平总书记在中央城镇化工作会议上提出"建设自然积存、自然渗透、自然净化的海绵城市"。2014年住房和城乡建设部发布了《海绵城市技术指南——低影响开发雨水系统构建》。在国家政策的支持下，2015年4月，财政部、住房和城乡建设部、水利部联合开展了海绵城市试点工作。同年，国务院办公厅出台了《关于推进海绵城市建设的指导意见》（国办发2015年75号文），部署推进海绵城市建设工作。

海绵城市建设是低影响开发、绿色基础设施建设等理念和技术在中国的衍生、实践与创新，是实现生态环境保护目标、保证城市可持续发展的有效途径。海绵城市转变了城市的发展理念和发展模式，使城市发展从以往粗犷式的工程建设模式向集约式、精细化的建设模式转变，从对自然资源的无序利用及不计后果的开发向科学管理、有序协调转变。

在国家政策的大力支持下，30个国家试点城市、80余个省级试点城市勇于创新实践，取得了可喜的成绩。多个海绵小区、海绵道路、海绵公园初具规模，成效显著。当前我国正在全域系统化地推进海绵城市建设在宏观层面，中央和地方政府制定了海绵城市规划、建设及管理的多项导则与标准，但具体到海绵设施的设计、施工、维护、运营，深度和细节仍然不足；海绵设施建设对水文特征研究不足，导致功能目标设计偏离；已建成的海绵设施又面临如何维护管理、发挥长久效应的运营难题。总体而言，我国海绵城市建设尚处于研究、摸索阶段，技术积累跟不上海绵城市快速建设的需求，规划、设计、施工、维护各个环节的诸多技术细节上还有待改进与提升。在这种情况下，本书参照了其他国家的先进理念和经验，以《新西兰奥克兰市LID设计管理导则》为基础，结合我国十年来的实践总结，提炼出适合我国的典型海绵城市设施建设技术指引，旨在借鉴国内外先进经验，帮助更多的技术人员掌握海绵城市的相关知识和专业技能，为持续推动海绵城市建设提供技术支撑。

中国的海绵城市建设涉及水安全、水环境、水资源和水生态领域的多项内容，是一个从源头、过程到末端的系统工程。本书内容聚焦在海绵城市雨水源头径流控制方面，针对雨水径流污染控制、生态保护、生态缓排、峰值削减三个关键指标，提出海绵设施的规划、设计、施工、运维等技术要求及实施路径，以达到从源头控制径流量和径流的目的，使城市开发建设后的自然水文循环状态尽量接近于开发前，最终实现保证水安全、改善水环境、涵养水资源、保护水生态的海绵城市建设目标。

本书以新西兰低影响城市设计体系为主线，辅以相关的案例及实践进行说明。新西兰的文化底蕴和立法体系格外强调生态保护和尊重自然。新西兰是低影响开发建设的成功典范，在雨水管理方面集成了多个发达国家的成功经验，并融合了本地自然、文化、社会特色，不断升级发展，形成了今天的雨洪管理系统为了保护自然优美的生态环境。

新西兰于1988年完成水务一体化改革，逐渐理顺了管理体制和技术体系，通过流域综合管理规划，在详细调查区域本底环境的同时，有效集成了科学有据的雨洪控制信息，实现了精细化管理；科学地设计、建设、运行和管理城市雨水系统，实现了就地削减污染物，减少洪涝灾害频率的目的，最大限度地降低土地开发对周围生态环境的影响。在技术的推广和应用过程中，政府配套了比较完善的城市雨洪利用法律法规和政策保障措施，形成了设计、管理和维护的标准化体系，促进了雨洪管理相关设施、材料、服务等产业规模化发展。

新西兰的实践秉承"理念推动管理，法规引导技术"的指导思想，应用"最好的技术资源""最佳管理措施"及"平衡设计"手段，构建了一套成功的城市雨洪管理体系，为我国的海绵城市建设提供了可借鉴的宝贵经验。

本书注重海绵城市建设的系统性，对海绵城市建设全过程进行了技术指引。首先对规划设计提出了技术思路；然后对设施的处理性能、实用性、处理目标、设计要素、设计步骤等提出了具体要求；针对设计核查、施工核查、竣工验收、运行维护全过程进行了详细的技术规定。除此之外，还特别就我国施工中的薄弱环节——环保施工与沉积物控制提出了有效措施。

本书充分体现了科学性和专业性。书中选取了常用的草沟和过滤带、人工湿地、生物滞留设施、屋顶花园、下渗设施、雨水储水箱、雨水塘等典型的海绵设施进行说明，详细阐述了各设施在污染物去除过程中的原理及内在的逻辑关系。

实践表明，可控的量化目标、精准的计算评估、良好的技术和工程手段，是城市雨洪管理的关键。因此本书格外重视量化计算的内容，提供了除容积法之外的海绵设施计算方法，覆盖了更多的规模、指标等参数。为便于读者理解，帮助设计、管理人员迅速进入角色、掌握要领、领会设计思想和建设意图，本书编写了完整的分析计算步骤和实用案例。书中选取了成熟的工程实例进行案例剖析和详细解读，并附有详细的参数选取和计算过程，数据和定量计算内容丰富。为了更好地展示计算过程中引用的参数及逻辑思路，本书保留了部分新西兰奥克兰降雨、土壤参数作为基础数据，方便读者练习演算，理解设计思路，思考规划意图。

海绵设施受地域、气候、社会经济条件的影响，没有完全统一的建设标准，但具有一定的共性。本书梳理了这些设施从设计、建设到管理的共性，将全书分为三大部分。

第1篇，综合理念篇，第1～4章。该篇概述了城市发展与水的关系，剖析了内涝灾害、水环境污染、水资源短缺和水生态破坏的内在原因，介绍了美国、英国、澳大利亚、新西兰等国家在雨洪管理方面的发展历程和经验，特别详细介绍了澳大利亚水敏型城市设计、美国最佳管理措施的主要内容，以及中国海绵城市建设的内涵和实践。使读者能很快了解海绵城市发展的国内外背景以及专业发展的最新动态。

本篇还详细介绍了海绵城市常用典型设施的类型和功能，系统介绍了海绵设施选用、方案设计、施工管理全流程的技术思路和做法，包括设施选用时需要关注的要素，方案设计的原则、流程、指标、要点，施工建设、设施维护以及监测与评估的基本要求和工作流程。

第2篇，典型设施篇，第5～11章。该篇选取了植草沟、生物滞留设施、下渗设施、雨水塘、人工湿地、雨水箱、绿色屋顶等7类典型海绵城市设施进行了详细解释，并从设施类型、使用条件、计算方法、施工、运行、维护等每一个环节进行了系统说明。本篇特点是对每一项设施的设计要点都一一进行详细讲解，并在每一种设施后面附上了计算方法的实例，帮助读者在了解典型设施的设计原则、计算方法、施工要求的同时，有针对性地了解某一设施的详细技术。

第 3 篇，典型案例篇，第 12 章。为帮助读者更好地学习典型海绵城市设施的做法，本书特设综合案例篇。分别从场地现状、项目目标、设计思路、完工效果等方面阐述了新西兰奥克兰 Totara 流域、宿迁筑梦小镇、重庆国博中心、连云港新丝路公园的海绵设施建设，既包括草沟、下渗设施、生物滞留设施，也包括人工湿地、绿色屋顶等。完整地展现了如何应用低影响设计理念，结合国内实际情况，实现海绵目标的过程，探讨了典型海绵设施综合应用的模式。

本书凝聚了编著者大量的心血，写作团队由熟悉国内外情况、具有长期实践经验的技术人员联合组成。全书图文并茂，言简意赅，文字流畅，可以帮助设计人员、管理人员迅速了解海绵城市的概念和内涵，迅速掌握海绵城市的设计及管理要领，掌握技术细节，颇具参考价值。

本书具有很强的操作性和实用性。不仅为海绵设施的设计、维护提供了技术依据，也为城市建设管理部门提供了管理的依据。

当前，全党全国人民正在积极践行生态文明建设。海绵城市是落实生态文明建设的重要举措，是城镇化健康发展的重要方式。站在城市发展的关键路口，面对环境恶化的趋势以及气候变化的挑战，回顾发达国家数十年不断尝试、调整、优化的城市雨洪管理进程，总结我国的城市建设经验教训，形成现在的成果，是一件颇有意义的事情，也是作者为我国海绵城市建设奉上的一份礼物。

目　录

第1篇　综合理念

工业化给城市带来了严重的环境污染问题，快速城镇化也给城市自然水循环和生态环境带来了不可估量的影响。水环境污染、城市内涝频发、水资源短缺已成为人类发展共同面对的严峻问题。为解决这些问题，美国、英国、澳大利亚、新西兰、德国、日本等国家在雨洪管理方面进行了积极的探索，中国也提出了海绵城市的理念，并进行了卓有成效的实践。

本篇概述了城市发展和水的关系，剖析了内涝灾害、水环境污染、水资源短缺和水生态破坏的内在原因，介绍了美国、英国、澳大利亚、新西兰等国家在雨洪管理方面的发展历程和经验，同时介绍了中国海绵城市建设的内涵和实践。

为有效解决雨水径流带来的诸多问题，目前各国普遍采用了源头减控的雨洪管理方法。我们将这些源头减控的设施称为海绵设施。本篇详细介绍了海绵城市常用的典型设施的类型和功能，并系统介绍了海绵设施选用、方案设计、施工管理全流程的技术思路和做法。包括设施选用时需要关注的要素，方案设计的原则、流程、指标、要点，施工建设、设施维护以及监测与评估的基本要求和工作流程。

本篇概述了工作中每一个环节的意义、流程和做法，使读者能迅速进入角色，对该项工作有一个整体的认识。

1 概述

　　城市是某一区域范围内政治、经济、文化的中心。城市的起源、延续和发展都与水息息相关。城市是河湖流域的一部分,水系是城市发展的命脉。许多湖泊和湿地与都市圈相邻,承担着供水、调蓄、净化、景观、栖息地等功能。穿城而过的河流与人工开凿的运河,往往成为历史上重要的交通载体、保护防线以及文明发源地。长江沿岸的重庆、武汉、南京、上海等城市一直是航运中心;已有 2500 多年历史的京杭大运河,连接了6 个行政区域,贯通海河、黄河、淮河、长江、钱塘江五大水系。大江大河哺育了一代又一代人,造就了现代化的城市。

　　近几十年来,快速大规模的城市化建设波及全球。预计到 2030 年,全球生活在城市的人口比例可增长到 60%。水不仅是城市经济发展的大动脉,更是我们赖以生存的重要环境资源。如何解决水资源管理这个重要问题,保护水环境,促进城市经济发展和社会进步,是国内外专家学者和政府职能部门共同面临的重要课题。

1.1　城市化对水环境的影响

　　城市在开发过程中,对水环境有三大主要影响:

　　① 水文循环和水量平衡:城市化进程改变了天然状态下的水文条件,破坏了自然界长期形成的良性水文循环,增加了洪水风险,进而影响城市安全。

　　② 水质:城市的面源和点源污染,影响水体水质,威胁人类健康。

　　③ 水生生物多样性:城市开发会改变当地水系结构和水文条件,降低生物多样性。

1.1.1　水文循环

　　自然水文循环包括降水、蒸散发、径流等环节,如图 1-1 所示。降水是水文循环中不可缺少的一部分,降水到达地面通常被存储、吸收、渗透与蒸散发。在此过程中,污染物随之减少。大多数降雨事件的雨强小于截留损失、植被和地表土壤存储的总和,因此,地表径流也会较小。

降雨渗入土壤，以缓慢的速度沿水力坡降移动，并流入附近溪流、湖泊和湿地，使得这些水体的水位增高。随着雨季的到来，土壤含水量增加，其储水容量下降，水域附近的土壤带接近饱和，土壤对雨水径流的响应也逐渐改变。

天然土壤在储存及运送雨水的过程中起着关键作用。表层土含有丰富的有机物质且具有生物活性，太阳辐射和空气流动为表层土壤水分蒸发提供了能量。土壤的有机质和矿物颗粒凝聚成稳定体，构成土壤结构，增加土壤孔隙度，提供活性水存储量。浅层地下水沿水力坡降方向缓慢向下移动，经过若干小时、若干天甚至若干周后才能穿过包气带。

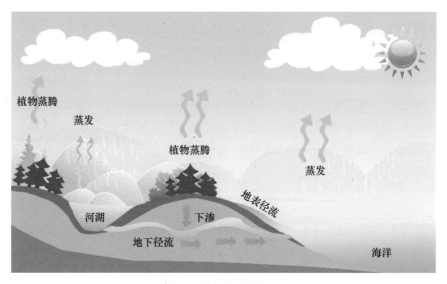

图1-1 自然水文循环系统

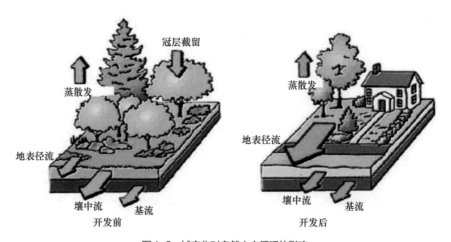

图1-2 城市化对自然水文循环的影响

（资料来源：根据 Henry County Board of Commissioners. Why Stormwater Matters [EB]. Georgia: Henry County Board of Commissioners，2009 改绘）

水文循环过程还可以用水量均衡方程来描述：

$$P = R + I + ET + \Delta S \qquad (1-1)$$

其中，P 为降水，R 为地表径流，I 为下渗，ET 为蒸发蒸腾，ΔS 为地表储蓄量。

城市发展导致原有的自然地貌和下垫面条件发生改变，地表增加不透水层，破坏了原有的自然水文循环过程，降雨径流等水文过程也发生了改变。不透水下垫面不仅阻碍地表水下渗，还切断了城市区域地表水与地下水之间的水文联系，更多的雨水直接进入市政管网，然后排至城市河道，导致壤中流和基流减少，如图 1-2 所示。

1.1.2　水量

由于不透水下垫面导致雨水无法下渗，城市径流总量增加，径流峰值升高，汇流时间缩短（图 1-3），城市洪涝风险增加。

同时，部分城市建设侵占水体，改变河道断面，导致河道断面收窄处成为潜在的易涝点。除此之外，某些涵洞和桥梁在建设时没有考虑上游城市开发增加的径流量，也没有预留足够的过水断面，导致水位上涨时行洪受阻，从而进一步壅高上游水位。

区域的排水能力和调蓄容量是保障城市水安全的重要因素。当区域不透水面积增加引起径流总量增加和峰值升高，同时城市建设不断侵占原有的调蓄容积时，洪水发生的可能性会大大增加，引起城市内涝，如图 1-4 所示。

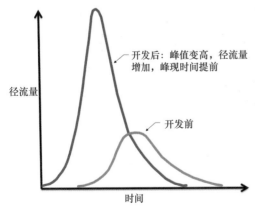

图 1-3　城市开发前后水文过程线示意图

图 1-4　城市洪涝

（图片来源：http://news.hexun.com/2012-07-14/143562871.html）

1.1.3 水质

城市化对水质的影响是多个方面的。城市活动带来的污染物随着雨水径流进入河湖水系，导致受纳水域的水质恶化。在世界各地的许多城镇，水体水质随着城市开发逐渐变差的状况普遍存在，如图1-5所示。

机动车尾气、工厂排放废气以及其他污染物随着降雨落到地表。粉尘、泥沙等颗粒物，化肥农药等污染物，垃圾等固体废弃物在不透水地表沉积，随着雨水进入河湖等水体。城市中的不透水地表和雨水管道加速了污染物的转移和扩散，并在下游形成大量高浓度的累积。有些污染物会在水流静止处沉积下来，有些则会在雨水冲刷过程中溶解或降解，进而改变雨水的物理和化学成分，甚至发生有毒的化学反应，加重水质污染。

城市化影响水质的污染物主要包括以下类型：

（1）悬浮沉积物

悬浮沉积物包括泥土、有机颗粒物、粉尘等。悬浮沉积物会降低水体透明度，影响水生动植物生存，加重河道淤积，堵塞河口等。

（2）耗氧物质

来自土壤中的有机物和植物碎屑随着雨水径流进入水体后，逐渐被细菌分解，同时降低水中的氧气含量，影响水生动植物生存。水中氧气消耗量由化学需氧量（COD）、有机碳总量（TOC）和生物需氧量（BOD）这三项指标来衡量。

（3）病原体

病原体是导致疾病的细菌和病毒，通常来源于下水道。粪大肠菌通

图1-5 城市水质污染

常被作为水体存在病原微生物的指标。虽然这些指示生物的存在并不一定证明病原体存在，但说明存在较高风险。

（4）金属

微量金属化合物，例如锌、铅、铜、铬等常常以固体或溶解的形式进入雨水径流。金属污染是持久的，它们不能被分解，并会在微生物、植物和动物，如滤食性贝类的体内累积。水体和土壤的金属含量过高时可能会诱发生物的畸形和肿瘤。

（5）碳氢化合物

雨水中的碳氢化合物一般和机动车的使用有关，它们通常是以油滴或油乳胶的形式存在于液体中或吸附于沉积物上。

（6）微量有毒有机物和有机农药

雨水中已发现多种有机残留物，其中最主要的是多环芳烃（PAHs）。多环芳烃含有超过100种不同的化学元素，由煤、石油和天然气的不完全燃烧产生。狄氏剂、七氯等有机农药构成另一类主要的有毒有机物。

（7）营养盐

在雨水里的营养物质通常是氮和磷的化合物，能刺激植物和藻类的生长，从而消耗受纳水体的溶解氧，导致每日水中含氧浓度的波动。

（8）垃圾

垃圾是雨水中最显而易见的污染，影响视觉和感官舒适度，对公众健康产生较大影响。

1.1.4 水生态

城市化改变了城市水文循环，影响水量和水质，同时造成水生态系统遭到破坏，水生生物多样性降低。

水生生物，尤其是大型无脊椎动物和鱼类常被用来指示水体健康状况。各种大型无脊椎动物的存在，表明了良好的水体水质和稳定的水系结构。鱼类是水体健康的另一个晴雨表，其在很大程度上反映了水生态系统状况。

随着城市开发，河道洪峰频率和流量增加，河岸冲刷增加，水土流失风险升高，水体沉积物增加。沉积物会填充河床，破坏河岸结构。部分城市建设破坏滨水植被带，导致河岸土壤裸露，更容易受到侵蚀。河岸结构不稳定对水生生态系统的健康影响很大，沉积物会降低水体的透光性，堵塞鱼鳃，影响滤食性贝类，改变底栖生物的栖息地，甚至扼杀底栖生物。

城市河道常被渠化，以"提升"其排水能力。这个过程改变了河流本来的生态特性，如河道曲线以及河滨带、浅滩结构。作为大型无脊椎动物及鱼类食源的水生植物和浮游生物会因为这一改变而消失。城市建设采用的涵洞、堤堰以及其他构筑物常常成为鱼群迁徙的障碍物。例如，某些涵洞高于基流的位置，涵洞出来的水流一般比较急，鱼类无法通过，从而阻碍鱼类在水体中的活动。

1.2　国内外雨洪管理经验

发达国家对城市雨洪管理的研究较早，经过二三十年的发展，已经形成了比较成熟的理论和技术体系，例如美国的最佳管理措施（Best Management Practices，BMP）和绿色雨水基础设施（Green Stormwater Infrastructure，GSI）、英国的可持续城市排水系统（Sustainable Urban Discharge System，SUDS）、澳大利亚的水敏型城市设计（Water Sensitive Urban Design，WSUD）、新西兰的低影响城市设计和发展（Low Impact Urban Design and Development，LIUDD）、德国的分散式雨洪管理（Decentralized Rainwater/stormwater Management，DRSM）和雨水利用（Storm Water Harvesting）、日本的雨水贮存渗透等等。

目前，美国、德国、澳洲、新西兰、英国等发达国家已广泛采用低影响开发（Low Impact Development，LID）技术，几乎在所有新建和改建的场地都不同程度地应用 LID 措施，加强城市建筑、道路、公园、停车场、公共空间等不同功能区的生态排水系统建设，以降低区域径流量，涵养本地水资源，就地削减污染物，降低洪涝灾害频率，最大限度地减少和降低土地开发对于周围生态环境的影响。此外，在技术的推广和应用过程中，政府配套了比较完善的关于城市雨洪利用的法律法规和政策保障措施，形成了设计、管理和维护的标准化体系，也促使雨洪管理与利用相关的设施、材料、服务等实现规模化和产业化。以上做法值得我们参考借鉴。

1.2.1　美国

在美国，雨洪管理的要求通常为：在特定的设计标准下，集水域末端排放的径流峰值不超过开发前的径流排放峰值。而设计标准通常由各地制定，由 5 年一遇至 100 年一遇不等；降雨历时通常选择 24 小时降雨。美国现代雨洪管理 30 多年的发展历程十分具有代表性，概括如图 1-6 所示。

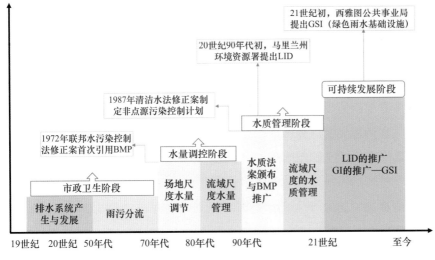

图1-6　美国雨洪管理的发展历程

1977年，美国《清洁水法》的304、404章节在描述工业区有毒污染物控制及河道疏浚、填挖许可时多次引用最佳管理措施。而雨洪最佳管理措施（Stromwater BMPs）的提出，则是在1987年《清洁水法》修正案的319章节中，用于非点源污染管理。BMPs起初以控制非点源污染为主要目标，包括工程性和非工程性措施。20世纪70年代和80年代，大量的BMPs工程在美国得以完成，那时的BMPs主要依靠雨水塘、雨水湿地、渗透池等末端措施实现，在控制径流污染方面发挥了重要作用，并沿用至今。这类设施通常是为某一特定降雨而设计，如25年一遇24小时降雨，对其他量级的降雨不可能完全达到控制指标。单纯依靠这种相对集中的末端处理方式，并不能有效解决所有雨水系统问题，还存在投入大、效率低、实施困难等挑战。

BMPs发展至今，已被许多国家借鉴和引用，且其含义已不局限于起初的非点源污染末端控制，控制目标也延伸到水量、水质和水生态等多方面。

针对传统灰色排水设施及末端集中处理设施的不足，20世纪90年代初，美国马里兰州乔治王子郡环境资源署首次提出LID的理念，旨在从源头避免城市化或场地开发对水环境的负面影响，强调利用小型分散的生态技术措施来维持或恢复场地开发前的水文循环，更加经济、高效、稳定地解决雨水系统综合问题。美国环保局对LID的定义是："在新建或改造项目中，结合生态化措施在源头管理雨水径流的理念与方法。"2004年以来，美国已积累了大量LID相关的技术文件、法规政策和工程实践，其相关产业也受到关注，同时也被新西兰、韩国和中国等国家广泛学习和借鉴。实践证明，这些主要针对高频次、小降雨事件的分散型 LID 措施普遍有着很好的环境和经济效益，弥补了传统灰色措施在径流减排、利用和污染控制方面的不足。尽管各国引用 LID 时在概念、措施和适用范围等方面有所延伸或有不同的解读，但从其目标来看，针对中小降雨事件、在场地尺度从源头进行控制的核心理念却从未改变，它对流域大暴雨事件峰流量控制能力的局限性也显而易见。

近年来，美国环保局越来越多地采用绿色基础设施（Green Infrastructure，GI）的概念。2007 年 4 月，美国环保局发布了《GI 意向声明》，此后又连续发布了《2008GI 行动策略》及《2011GI 战略议程》，宣传和推广GI。事实上，LID 和 GI 虽有共通之处，但在应用尺度、控制目标、技术范畴等方面仍有显著不同，这可从美国环保局网站关于 LID 及 GI 的定义中找到依据。相对于 LID，GI 可以包括一些更大规模的设施或方法（如景观水体、绿色廊道、大型湿地等），并应用在多尺度场地区域规划或设计中，控制不同频率的降雨，替代更多传统排水或灰色调蓄设施的使用，进而更有效地实现雨洪控制、自然水文条件生态系统的保护或修复等综合目标。而且，GI 强调与城市规划、景观设计、生态和生物保护（最近的研究还包括道路交通）等学科的结合和跨专业应用，采用较大尺度的生态规划和土地利用规划等方法进行绿色网络系统布局和设施设计，保护与重建至少与灰色基础设施同等重要的自然系统。在雨洪管理方面它要求各专业的大力协作，更广泛地设计雨水塘、湿地、景观水体、滞蓄洪区等自然设施，来维持良性水文循环，保障水环境的健康，同时保护自然物种，改善城市和社区环境质量等。

1.2.2 英国

1999 年英国在最佳管理措施（BMPs）理念的基础上将可持续发展理念纳入排水体制系统中，建立了可持续城市排水系统（Sustainable Urban Drainage Systems，SUDS）。为解决传统排水体制产生的多发洪涝、严重污染和对环境破坏等问题。2007 年，英国发布了《可持续城市排水系统实践规范》，提出实施可持续城市排水系统的思路方法及技术规范。

SUDS 的理念旨在将排水系统设计做到效益最大化并尽量减小已开发地区地表水径流问题带来的负面影响。SUDS 的设计方法是在已开发地区减少地表径流量，并降低地表径流过量导致的环境污染问题的风险等，这些方法是通过在场地表面收集、浸润、减缓、储存并输送地表径流来实现的。通过采用这些方法，SUDS 能够加强绿地与城市绿网的联系，同时也为野生动物的栖息和繁殖提供场所。在社区实践中应用 SUDS 可以改善居民健康，提高居民幸福度和生活质量，同时也可以提高当地经济收入水平，保护人民和财产免受由城市发展带来的洪水危险；防止地表水和地下水资源被开发地区径流污染；保持河流湖泊的自然形态；通过保护生物多样性和生态链建立自然栖息地和相关生态环境；提高地下水位和增加土壤水分；提供额外的水资源；创造集生活、工作和娱乐于一体的建筑环境和具有吸引力的绿色空间；增加人们对地表径流管理以及使用 SUDS 管理径流的优势的了解；更好地适应气候变化；与传统排水设施相比，SUDS 设计仅需要较少的自然资源并产生较低的碳排放量。

SUDS 是一个多层次、全过程的体系，将传统的以"排放"为核心的排水系统上升到维护良性水循环高度的可持续排水系统，在设计时综合考虑径流的水质、水量、景观潜力和生态价值等。这不但要考虑雨水而且还要考虑城市污水与再生水，通过综合措施来改善城市整体水循环。实现整个区域水系的优化和可持续发展。"管理链"是设计可持续城市排水系统的最基本的概念，即运用预防控制、源头控制、场地控制、区域控制等 4 个层面的一系列技术综合管理各种地表水体，实现分级削减和控制。

可持续城市排水系统设计也强调与城市规划体系的结合，注重多学科的共同参与，其技术措施与最佳管理措施（BMPs）和低影响开发（LID）类似，包括源头控制、中途控制和末端控制的工程和非工程措施。与传统的城市排水系统相比，可持续排水系统具有以下特点：①科学管理径流流量，减少城市化带来的洪涝问题；②提高径流水质，保护水环境；③排水系统与环境格局协调并符合当地社区的需求；④在城市水道中为野生生物提供栖息地；⑤鼓励雨水的入渗、补充地下水等。

1.2.3 澳大利亚

20 世纪 90 年代中后期以来，澳大利亚很多地区发生干旱。2009 年，澳大利亚遭遇了千年一遇的干旱，其特点是毁灭性的洪水、长时间的高温热浪和森林火灾。这些事件为澳大利亚人民及政府敲响了警钟。澳大利亚政府开始专注于解决城市供水安全的新兴挑战。除了节约用水和提高用水效率等重大举措，收集雨水作为替代水源受到越来越多的关注，政府不断增加经费来支持雨水收集的研究与应用，城市雨水的处理和收集给城市水资源利用提供了潜在机会，同时有助于保护水体，防止污染和生态系统退化。

澳大利亚政府开始意识到城市雨水管理需要采取一种系统性的方法，遂提出了水敏性城市设计的概念。水敏性城市设计（WSUD）通过整合城市规划设计与整个水循环的保护、修复和管理，来提高城市可持续性，同时创造更加有吸引力、人性化的生存环境。出于雨水管理和规划的视角，WSUD的关键原则包括：

①保护自然系统：在城市开发的同时，保护和强化自然水系统（溪流、河流、湿地）；

②保护水质：改善城市开发后水体的水质；

③整合雨洪管理和景观设计：在景观设计中使用多目标雨洪管理手段，从而达到多重效益；

④减少径流和洪峰流量：通过场地滞蓄调节措施，减少城市开发带来的径流总量和峰值流量，同时使不透水面积最小化等。

WSUD包含了与水相关的多个子系统，但在许多学术交流和工程实践场合，雨洪管理往往作为WSUD中最重要的子系统，甚至在部分场合成为雨洪管理的同义词。究其原因，主要是由于污水（再生水）、饮用水技术发展相对较早，技术体系、操作流程、建设和运营机制等比较成熟、独立和定型，制约因素较少，与城市规划、景观、建筑、道路等学科的交叉性相对较弱；而现代雨洪管理的发展较晚，不可控因素较多，对城市安全、水环境、生态系统、建筑与道路、土地开发和利用等影响显著，是其中最为复杂且涵盖面最广的一个子系统。因此，在WSUD的相关文本及论述中并没有过多阐述污水、饮用水系统，而是以雨水系统为核心，通过与其他子系统产生联系和衔接来构建城市的良性水循环系统，并通过雨水水量、水质、水资源、水生态及水景观的整合设计，建立起城市社会功能、环境功能和经济效益之间的联系。这样处理的高明之处在于：既考虑和兼顾了水系统的整体性和相关性，又明显区分了几大子系统之间的界限，突出重点子系统及其特征，不至于面面俱到而过于复杂和庞大，影响整个系统规划设计的实操性和有效性。

由于国家对水资源的重视以及WSUD的提出，澳大利亚水务部门在城市发展中承担了更加多样化的责任。他们提出了"城市就是供水集水区"

的概念,尽量开发城市废水和雨水的利用潜力,以减少对外部水源的依赖,包括海水淡化,以实现多功能和灵活的城市水系统,为社会展示更广泛的服务和成果。利用绿色基础设施收集和循环利用多种水源,减少生态足迹,加强生态系统服务,保证供水安全、防洪安全、水系水质,改善城市热岛效应,提升城市景观和社会凝聚力,加强应对未来气候不确定性的能力。在建设过程中,水务部门不仅要与当地政府合作,还需要与诸如能源、交通、排污和医疗服务等其他部门机构的合作,共同应对当地自然环境限制条件以及来自社会政治文化的挑战。

城市水务部门的角色转变也带来了水务行业新的商机,例如悉尼中央公园水务子公司直接运营和维护 5.8hm² 区域以内所有与水有关的基础设施(包括其绿色基础设施);有效管理区域内的水循环系统,每天服务超过 5000 位居民和 15000 多名员工和游客。该水循环系统有 7 个水源,包括当地雨水收集、废水循环利用、地下排水系统与公共污水下水道的地下水渗透,以及悉尼自来水管道供水。中央公园水务子公司将直接向客户收费,并服从悉尼供水公司的相关许可要求。

当资源被整合,基础设施提供多重效益时,就有更多的企业能参与到城市雨洪管理中来。政府通过投资、新的规划及其经济评估,促进这一转变,与社会力量一起建设更加宜居、可持续和有弹性的城市。

1.2.4 新西兰

新西兰因其生态环境的脆弱性,是国际雨洪管理先进理念和技术成功本地化应用的先驱。新西兰城市雨水管理集成了发达国家成功经验,融合了本地的自然、文化、社会特色,不断实践、观察、研究,经过大约 30 年的升级、优化,已形成一套较为完整的管理体制和技术体系,在国际上位于领先行列,取得了显著的环境效益。

新西兰国土面积约 26.87 万 km²,由南岛、北岛及其他一些小岛组成,与其他大陆隔绝,生态系统极为敏感、脆弱。山地和丘陵占全国面积的 75% 以上,年均降水量受地形影响变化大,北岛年降水量为 600 ～ 1500mm,南岛西海岸降水量达 3000 ～ 5000mm。由于早期人为的大火和规模化砍伐,森林覆盖率从 700 多年前的 90% 锐减到 30%,土壤条件、流域产汇流和气候特征发生了很大变化,导致洪涝频发、水土流失,生态环境被破坏,不少原生物种甚至走向灭绝,生态系统面临失衡的威胁。再加上快速城市化,环境问题愈发严重,新西兰曾一度遭遇严重的水环境、水生态和水资源危机。

受益于移民国家的特点，各国的技术移民为新西兰带来了多样化的先进理念，包括西方发达国家探索了数十年的水与生态环境综合管理系统。这些理念使新西兰成为最早吸取可持续发展理念，实现水与生态环境综合管理的国家之一。

首先，新西兰的文化和立法体系格外强调生态和尊重自然。新西兰于1988年完成水务一体化改革，逐渐理顺了管理体制和技术体系；自1991年通过《资源管理法》（RMA）开始，一系列体系化的立法和规划（国家、大区和地方政府）为雨洪管理体系的发展奠定了良好的法律基础。

在借鉴美国 BMP 和 LID 理念并结合本国法律及规划的基础上，新西兰奥克兰大区政府于1992年发布了第一版《低影响设计（Low Impact Desgin，LID）指南（TP124）》。在 TP124 中，"低影响设计"被定义为"一种保护和利用自然场地特征，进行水土流失控制以及雨洪管理规划的场地开发设计方法"，强调自然水文要素的保护、跨专业的配合等非技术性策略，实现"水文条件开发前后不变"的要求，本质上与其他国家对 LID 的定义或解读基本一致。

"低影响城市设计与开发"（LIUDD）起源于新西兰科学技术研究基金会（FRST）所支持的"可持续城市投资开发项目"6年计划，该计划于2003年实施。LIUDD 是低影响开发/设计（LID）和城市设计（Urban Design，UD）的组合，一定程度上也借鉴了澳大利亚的 WSUD。LIUDD 强调利用以自然系统和低影响为特征的规划开发和设计方法来避免和尽量减少环境损害。其中，"Low Impact"一词包含了"减少人类活动对土地、水、空气、动植物等自然因素的影响，并使这些资源能够依然为未来使用和享有"的理念，考虑在流域及更大尺度上保护自然和生态环境；"Design and Development"则强调用于保证人类城市发展和建设等活动不损害自然环境和资源的理念、方法和措施。

新西兰的实践秉持着"理念推动管理、法规引导技术"的指导思想，应用"最好的技术资源""最佳管理措施"及"平衡设计"手段，构建了一套成功的城市雨洪管理体系。通过流域综合管理规划，在详细调查区域本底环境的同时有效集成了科学有据的雨洪控制信息，实现了精细化管理。科学地设计、建设和运行管理城市雨水系统，就地削减污染物，减少洪涝灾害频率，最大限度地减少和降低土地开发对于周围生态环境的影响。

1.2.5 中国

作为一个拥有古老文明的国家，中国在历史上有许多经典的雨洪管理案例。在我国古代的一些治水工程中早已有类似 LID、GI 等现代雨洪管理理念和技术的体现，例如，赣州的"福寿沟"蓄排系统、云南的"哈尼梯田"等，都是利用自然或人工创造的蓄渗排等条件，将"绿色"与"灰色"措施相结合，进行雨洪控制和利用，充分显示了我国古人和民间在雨洪控制利用、治水和用水方面的智慧。

遗憾的是，中国近几十年来一直停留在简单依赖雨水管渠解决雨洪问题的思路上，投入也较少，城市雨洪管理总体明显落后。这也是近年来内涝等灾害频发的重要原因之一。

进入 21 世纪以来，国内开始对城市雨洪管理进行较系统的研究，在理论上、技术上及工程上实践均有所尝试。特别是自 2012 年北京发生"7·21"内涝灾害以来，国家高度重视城市内涝灾害问题和水环境污染问题，国务院连续出台了《关于做好城市排水防涝设施建设工作的通知》《关于加强城市基础设施建设的意见》《城镇排水与污水处理条例》等一系列重要法规政策，雨洪问题成为城市发展和基础设施建设的重大课题。

2013 年 12 月 12 日，习近平总书记在中央城镇化工作会议的讲话中强调："提升城市排水系统时要优先考虑把雨水留下来，优先考虑更多利用自然力量排水，建设自然存积、自然渗透、自然净化的海绵城市。"随后 2014 年，住房和城乡建设部出台了《海绵城市建设技术指南——低影响开发雨水系统构建》，2015 年 4 月财政部、住房和城乡建设部、水利部联合开展海绵城市试点工作，正式拉开了海绵城市建设的大幕，自 2005 年已有两批共 30 个城市入选国家海绵城市试点城市建设，并设 80 个省级试点城市，为海绵城市建设提供了可复制、可推广的经验，打下了坚实的实践基础。2015 年，国务院办公厅发布了《关于推进海绵城市建设的指导意见》（2015 年 75 号文），部署推进海绵城市建设工作。

《关于推进海绵城市建设的指导意见》指出，建设海绵城市，统筹发挥自然生态功能和人工干预功能，有效控制雨水径流，实现自然积存、自然渗透、自然净化的城市发展方式，有利于修复城市水生态，涵养水资源，增强城市防涝能力，扩大公共产品有效投资，提高新型城镇化质量，促进人与自然和谐发展。之后浙江省、江苏省、厦门市、重庆市等多个省市相继出台了本省市《关于开展海绵城市建设的实施意见》《海绵城市建设技术指南》等相关文件。至此，我国以海绵城市为核心的城市雨洪管理建设全面展开。

海绵城市，顾名思义，是指城市能够像海绵一样，在适应环境变化和应对自然灾害等方面具有良好的"弹性"，下雨时吸水、蓄水、渗水、净水，需要时将蓄存的水"释放"并加以利用，提升城市生态系统功能并减少城市洪涝灾害的发生。

其实早在海绵城市提出以前，国内很多城市就开展了雨洪管理方面的研究和实践。北京市是最早研究的城市之一。北京从21世纪初就开始了和德国雨洪专家的合作，开展了雨水资源利用的研究。2003年北京市政府出台《关于加强建设工程用地内雨水资源利用的暂行规定》，要求北京市新建、改建、扩建工程（含各类建筑物、广场、停车场、道路、桥梁和其他构筑物等建设工程设施）均应按雨水利用要求进行工程设计和建设；2004年形成了6个总面积约60hm²的雨洪利用实验示范区；2007年发布了《北京市小区雨水利用工程设计指南》；2008在奥林匹克公园进行了生态排水和雨洪利用实践。近几年又结合海绵城市建设，重新修订了《北京市雨水控制与利用工程设计规范》和《北京市雨水控制与利用工程标准图集》，新编了海绵城市规划、设计以及评价的相关标准。

深圳市自2007年光明新区成立后一直积极探索绿色低碳新城的建设，率先进行低影响开发理念下的雨水综合利用研究，从城市和生态的角度思考城市雨水的综合利用，提出新区开发建设后的外排雨水设计流量不大于开发建设前。深圳市编制了《光明新区再生水及雨洪利用详细规划》，新区新建、改建、扩建工程包括各类建筑物、广场、停车场、道路、绿地等均按照雨洪利用工程进行设计和建设，并将其纳入建设项目规划审批管理程序。此后，深圳市相继出台了《深圳市雨洪利用系统布局规划》《深圳市居住小区雨水综合利用规划指引》等规划和策略，从不同层次和角度应用低影响开发理念，提出要结合城市景观及绿化带，因地制宜采取入渗、调蓄、收集回用等多种雨洪利用措施，使项目建设后的外排雨水设计流量不大于开发建设前，并控制和削减日益严重的水源污染。《深圳市蓝线规划》确定水体的"保护控制线"，预留绿化、景观、雨洪利用等生态改善工程的所需用地，保护和改善城市生态和人居环境，避免城市建设影响自然水生态。《深圳河湾流域水环境综合规划》提出了基于低影响开发模式的规划理念，结合自然地形，保护利用湿地、林地，改善水质，营建水廊、绿廊，构建生态良好、景观优美的滨水城市空间。成为第二批国家海绵试点城市之后，深圳全市及各区又编制了海绵城市专项规划，将海绵城市建设目标和任务落实到各个区级，并出台了多项海绵城市相关标准、技术导则等。

　　无锡市于 2008 年发布《关于加强新建建设工程城市雨水资源利用的暂行规定》，要求市区范围内，新建、改建、扩建的建设项目均宜考虑采用雨水利用措施。建设项目规模达到下述要求的，必须配套建设雨水利用工程：地上总建筑面积 15 万 m^2 以上或有景观水池的新建住宅小区项目；单体建筑屋顶面积 $3000m^2$ 以上的新建公共、工业建筑项目；总用地面积 1 万 m^2 以上的新建、改建、扩建广场、公园、绿地项目；新建城市道路的人行道、绿带工程。

　　昆明市于 2009 年发布《昆明市城市雨水收集利用的规定》，要求符合下列条件之一的新建、改建、扩建工程项目，建设单位需按照节水"三同时"的要求同期配套建设雨水收集利用设施：民用建筑、工业建（构）筑物占地与路面硬化之和在 $1500m^2$ 以上的建设工程项目，总用地面积在 $2000m^2$ 以上的公园、广场、绿地等市政工程项目，城市道路及高架桥等市政工程项目。

　　篇幅有限，这里仅列出少数城市的做法，其他城市如上海、天津、大连、镇江等也在早期进行了雨洪管理的研究和尝试。

　　近几年来，受益于中央政策和财政的大力支持，各级政府全方位推进，各地积极探索海绵城市建设经验，形成了丰硕的成果。海绵城市作为一种全新的城市发展理念和方式，逐渐深入人心。海绵城市已成为我国落实生态文明建设的重要举措，它转变了以往粗犷的建设模式，转而走向生态文明和绿色发展的道路，也成为"稳增长、调结构、促改革、惠民生"的重要内容。很多城市将海绵城市建设与排水防涝能力提升、黑臭水体整治、老旧小区改造、改善人居环境相结合，推动了政府和社会资本合作，促进了产业发展和技术进步。广大从业人员也对海绵城市和雨洪管理有了更专业的认识和技术上的提升，认识到建设海绵城市必须系统思维，源头减排，过程控制，系统治理。在此基础上，200 多个城市编制了海绵城市专项规划和系统方案，从国家到地方新编和修编了多项规划导则、技术指南、标准图集，包括施工、验收、运维的技术要求，出台了相关法规文件和管理办法等，进行了黑臭水体整治、内涝积水点改造，并以小区、建筑、道路、公建、广场、公园、水系为载体实施了本书涉及的多项海绵设施建设，改善了水质，缓解了内涝压力，促进了水资源涵养和雨水资源综合利用，取得了良好的社会效益和环境效益。

随着我国海绵城市建设的开展，从国家到地区进行了不少新的雨洪管理尝试，多个海绵小区、海绵道路、海绵公园初具规模。但不得不承认，我国海绵城市建设尚处于研究、摸索的阶段。在宏观战略层面，国家和地区制定了导则与标准，但具体到海绵设施设计、施工、维护、管理，仍有许多工作要完成。例如目前对水文问题研究不足，设计中缺少水文依据，多专业难以协调，已建成的海绵设施还面临如何维护管理、发挥长久效应的运营难题等。

可持续发展、低影响开发、水敏城市等理念的引入以及海绵城市的提出和推广，为城市水管理的升级奠定了良好基础，然而将理念转变为成功的工程实践，我们还有很长的路要走。

1.2.6　小结

美国、英国、澳大利亚和新西兰等国家已经经历了二三十年类似海绵城市的实践，也都是公认在此领域比较成功的国家。可能由于发展年代和知识水平的不同，各国雨洪管理体系关注的重点各有侧重。美国的 LID 较为注重利用综合管理措施减少城市化对水文的影响。英国的 SUDS 是基于美国 LID 理念发展而来，但更加注重雨洪控制的系统方案，即运用预防控制、源头控制、场地控制、区域控制等 4 个层面的一系列技术综合管理各种地表水体，实现分级削减和控制。澳大利亚把关注点集中于怎样将雨水利用更加有效地纳入城市设计和建设中。新西兰受益于移民国家的特点，各国的技术移民为新西兰带来了多样化的先进理念，雨洪管理体系从机构改革、构建清晰的法律法规开始，开展持久渐进的科学研究，以及合理的技术指标体系建设。经过大约 30 年的升级、优化，新西兰已形成一套较为完整的管理体制和技术体系，通过构建多个核心水文参数指标实现恢复开发前的水文状态，就地削减污染物，降低洪涝灾害频率，缓解土地开发带来的系列水环境问题，维持水健康。

由于水文气象条件、地形地貌和管理体系的差异，各国成功的雨洪管理技术体系在中国应用时不可简单复制引用。我国的海绵城市建设实践必须充分理解中西方管理构架、技术体系的不同，结合本地水文、生态环境和城市建设条件，从系统研究和关键问题入手，因地制宜。

1.3 海绵城市内涵

城市与水的关系密不可分，城市对水的要求也不断变化。澳大利亚学者 Brown 等人把城市与水的关系分为6个阶段❶：供水城市、下水道城市、排水城市、水道城市、水循环城市、水敏型城市，如图1-7所示。

供水城市、下水道城市、排水城市等传统城市开发模式建设了大量的灰色基础设施，将雨水快速疏导至接收水域，如河湖水系、海湾河口、海洋等。雨洪管理侧重于排水系统，主要目的是安全经济地输送雨水径流至接收水域，常常采用综合开渠和局部（或全部）混凝土衬砌等方法增加城市水道的水力负荷。这些传统方法只能将污染物从城区排放到接收水域，特别是城市标志性河流和海湾，实现污染转移而非污染削减，影响城市整体环境以及未来的可持续发展。

为了长远发展，城市必须具有健康、干净、美丽的水系，才能因水而生，因水而美，因水而兴。水敏型城市把整个水文循环圈看作一个综合整体，从大的格局来制定城市雨水综合管理办法，遵循低影响开发的原则，为水资源利用创造机会，保护水体，防止水污染和生态系统退化，从而构建更宜居和有韧性的城市环境。在水敏型城市中，雨水径流通过开放空间的蓝绿走廊网络输送，具有景观价值的绿地水体兼具储蓄洪水的功能，减轻下游社区的防洪压力，降低流域不透水面积增加带来的排水需求。

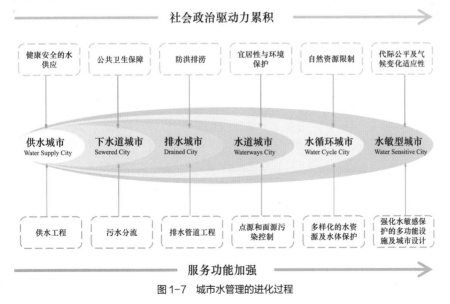

图 1-7　城市水管理的进化过程

❶ Brown R., Keath N, Wong T. Urban water management in cities: historical, current and future regimes[J]. Water Science & Technology, 2009, 59: 847–855.

随着城市化推进，国内各大城市内涝、径流污染、水资源短缺、用地紧张等问题日益严重。我国城市面临的水环境问题非常复杂，要根本性地解决这些问题，必须反思城市开发建设的模式，真正理解一系列因素之间的相互关系，把控关键环节。任何的水环境问题，都是由于人类活动改变了原本自然的水文条件而造成的。城市开发导致地面径流的增加使得洪涝风险加大；非雨季水量的减少造成水污染严重；水资源的大量开发利用导致下游水量不足或环境改变。

随着水敏型城市、低影响开发理念及其技术的不断发展，为了协调城市发展与生态环境的关系，2015年我国提出了自己的"水敏型城市"发展路径——海绵城市建设。海绵城市是指在城市开发建设过程中采用源头削减、中途转输、末端调蓄等多种手段，通过渗、滞、蓄、净、用、排等多种技术，实现城市良性水文循环，提高对径流雨水的渗透、调蓄、净化、利用和排放能力，维持或恢复城市的"海绵"功能。城市开发过程应在城市规划、设计、实施等各环节纳入海绵建设内容，并统筹协调城市规划、排水、园林、道路交通、建筑、水文等专业，共同落实海绵控制目标。

传统的城市雨洪管理方法注重于快速收集、快速排放，以最大效率将地表径流排放至受纳水体，雨洪控制通常设置在集水域的最下游点（末端控制）。与单纯的末端控制不同，海绵城市可以有效控制小至中频率的降雨。

图1-8展示了传统城市开发与海绵城市建设径流过程线的区别。开

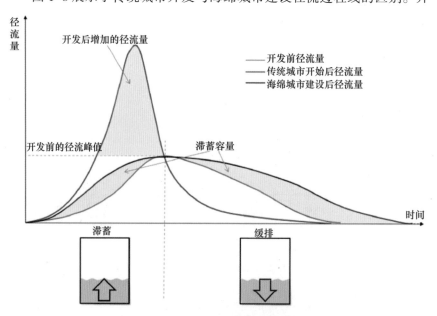

图1-8　海绵城市与传统城市开发径流量对比

发前（即森林、草甸等）某一集水区对某一特定降雨的径流曲线逐渐上升至峰值，然后逐渐下降。开发后采用传统末端蓄滞方法时，径流峰值和径流总量均明显增加。采用海绵城市雨水管理技术时，通过海绵设施进行滞蓄、缓排，虽然径流总量仍多于开发前，但径流峰值不变，开发后的径流过程线近似于开发前，城市开发对自然水文循环、水量、水质及水生态系统的影响被有效控制。

海绵城市建设是低影响开发、绿色基础设施建设等技术思想在中国的衍生、实践与创新。海绵城市建设的宗旨是处理好城市建设与水资源生态环境保护的关系。首先，这是对城市概念和城市对水的需求理解的升级。要建设宜居、舒适、安全、让生活更美好的城市，必须解决水安全和水生态环境问题。大规模快速的城市化进程，改变了区域的下垫面条件，甚至地形地貌和源头水系，进而改变了原有的蒸发、下渗、坡面产汇流等自然水文特征，城市滞蓄能力锐减，导致雨水资源流失、径流污染增加、内涝频发等一系列问题。

其次，海绵城市建设是城市水管理理念的升华，是实现城市水环境和自然资源从过度利用、不计后果的开发，向科学管理、有序协调转变的前提；是从粗放式的工程规划建设，向集约式、精细化工程思维和建设模式转变的必经之路。

我们必须改变以工程解决问题的习惯思维，应以可持续发展理念为指导，在城市开发过程中，充分认识到水环境资源的承载力，认识和尊重自然生态的本质价值，识别工程与环境、周边和上下游之间的影响关系，既考虑当代需求，也兼顾子孙后代的需求，从而合理利用自然资源，采用补偿工程和管理手段，实现开发与保护的平衡。这一理念要求企业承担社会责任，资源利用者负担由于资源利用而导致的对环境的影响。因此在城市开发建设中，既要考虑市政工程后极端暴雨导致的洪涝风险控制，又要兼顾流域的水资源利用和本底水生态、环境的保护。

然而，仅有理念是不够的。发展与保护、建设用地与绿色低影响设施之间的协调与平衡，既需要先进的技术也需要管理体系的更新和集成。

西方发达国家在可持续发展理念指导下，经过水务一体化，逐渐理顺管理体制、技术标准体系，通过流域综合管理规划，平衡各利益相关群体，制定工程布局和管理控制目标和指标。实践表明，这一理念的实现需要可量化、可操作的目标定义，需要对城市空间资源、水和环境影响的评估，以及好的技术手段和工程手段。海绵城市建设的核心目标是维持城市水文生态指标的开发前自然特征，需要宏观层面的水资源、洪涝、生态保护工程与分布于城市各个角落的大大小小的海绵设施的有机组合。建设目标和指标的确定，必须抓住决定水环境和生态健康的关键指标。难以衡量或模糊的指标将导致技术的偏差，且不易实施，在管理上更难以协调把控。

海绵城市建设绝不是某个单一部门的工作，其与政府许多部门相关，特别是与规划、道路、交通、排水、园林、执法等部门都有非常紧密的联系。这一系列从理念到目标的复杂过程中，专业边界逐渐模糊，技术集成已成必然，而技术标准的建立以及过程的协调和管理将成为关键。

1.4 海绵设施的类型与功能

海绵城市建设是水资源管理、洪涝防控、生态保护骨干工程与分布于城市各个角落不同规模的海绵设施的有机组合。在传统城市建设中，灰色基础设施是收集、输送及处理雨污的主要设施，而在水敏型城市中，海绵设施发挥着越来越重要的作用，成为减轻城市洪涝、改善城市水环境、实现城市可持续发展不可缺少的一部分。

越来越多的证据表明，海绵设施可以通过改善雨水径流的水质、保护和改善城市环境，为城市提供生态系统服务。并且这种水质改进会使得雨水成为潜在的供水资源，尤其是非饮用水的资源。海绵设施中发挥重要作用的是植物及微生物，它们在海绵设施中的雨水处理过程如图1-9所示。

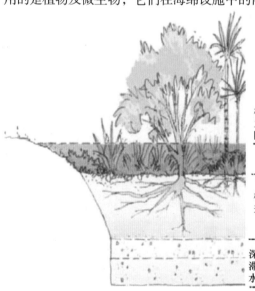

植物拦截降雨，吸收部分污染物，同时发挥蒸腾作用。紫外线照射促进污染物降解

生物吸收进一步削减污染物

根系及附生微生物（形成生物膜）吸附并分解污染物，促进下渗与过滤

深层土壤储存和滞留水分。多余的水分在滞留过程中逐渐渗透下层土壤，回补地下水

图1-9 海绵设施中植物及微生物雨水处理概念

然而，任何单一海绵设施都无法适应所有环境条件，亦无法解决所有问题。须将这些设施连接起来，构成完整的城市海绵体系。海绵体系的建立能很好地补充排水系统，提供安全的城市行洪通道，这些空间网络还可改善城市景观的生物多样性。

海绵设施一般可分为渗透、储存、调节、转输、截污净化等几类。通过各类技术的组合应用，可实现径流总量控制、径流峰值控制、径流污染控制、雨水资源化利用等目标。发达国家人口少，一般土地开发强度较低，绿化率较高，在场地源头有充足空间来消纳场地开发后径流的增量（总量和峰值）。我国大多数城市土地开发强度普遍较大，仅在场地采用分散式源头削减措施，难以实现开发前后径流总量和峰值流量等维持基本不变，所以还必须借助于中途、末端等综合措施，来实现开发后水文特征接近于开发前的目标。

主要海绵设施包括下沉式绿地、蓄水池、植被缓冲带、初期雨水弃流设施、植草沟、雨水花园、生态树池、雨水花坛、雨水塘、人工湿地、雨水箱、绿色屋顶、人工土壤渗滤、透水铺装、渗井、渗渠等。每一种设施都具有渗、滞、蓄、净、用、排等一种或多种功能。

其中以"渗"为主的海绵设施包括下沉式绿地、透水铺装、渗井、渗渠、人工土壤渗滤等，如图1-10所示。下沉式绿地指低于周边铺砌地面或道路200 mm以上的绿地，也可以泛指具有一定的调蓄容积且可用于调蓄和净化径流雨水的绿地。透水铺装利用透水材料进行雨水下渗。渗井、渗渠是利用井底、井壁、渠底、渠壁进行下渗的设施。

以"滞"为主的海绵设施包括雨水花园、生态树池、雨水花坛等，如图1-11所示。它们都是利用植物、微生物、土壤等构建生物滞留系统滞蓄雨水的海绵设施。

以"蓄"为主的海绵设施包括蓄水池、雨水塘等，如图1-12所示。雨水塘是具有一定调蓄容积的池塘。蓄水池指具有雨水储存功能的集蓄

图1-10 以"渗"为主的海绵设施

（图片来源：渗渠 https://sustainablestormwater.org/2007/05/23/infiltration-trenches/）

生态树池　　　　　雨水花园　　　　　雨水花坛

图1-11　以"滞"为主的海绵设施

（图片来源：雨水花园 https://sailorstales.wordpress.com/2015/08/26/i-never-promised-you-a-rain-garden/；
生态树池 http://tierraeste.com/44-flower-beds-around-trees-ideas/flower-beds-around-trees-bed-under-oak-tree/；雨水花坛 http://www.sohu.com/a/119952712_505899）

利用设施，同时也具有削减峰值流量的作用，主要包括钢筋混凝土蓄水池，砖、石砌筑蓄水池及塑料蓄水模块拼装式蓄水池，用地紧张的城市大多采用地下封闭式蓄水池。

　　以"净"为主的海绵设施包括绿色屋顶、人工湿地、植被缓冲带、初期雨水弃流设施等，如图1-13所示。

　　绿色屋顶也称为种植屋面、屋顶绿化。人工湿地是利用物理、水生动植物、微生物净化雨水的设施。植被缓冲带为坡度较缓的植被区，经植被拦截及土壤下渗作用来减缓地表径流流速，并去除径流中的部分污染物。植被缓冲带可以控制水流方向，促使雨水均匀流经地表，更有利于渗透。初期雨水弃流指通过一定方法或装置将存在初期冲刷效应、污染物浓度较高的降雨初期径流予以弃除，以降低雨水的后续处理难度。

雨水塘　　　　　　　　　　　模块化蓄水池

图1-12　以"蓄"为主的海绵设施

（图片来源：雨水塘 https://www.kenosha.org/departments/public-works/stormwater-utility/faqs；模块化蓄水池 http://www.puretown.cn/product/59.html）

绿色屋顶　　　　　植被缓冲带　　　　　人工湿地

图1-13　以"净"为主的海绵设施

（图片来源：绿色屋顶 http://guzarchitects.com/）

图1-14 以"用"为主的海绵设施

图1-15 以"排"为主的海绵设施
（图片来源：http://cdrpc.org/2018/05/green-infrastructure-presentations-from-webinar/）

弃流雨水应进行处理，如排入市政污水管网（或雨污合流管网）由污水处理厂进行集中处理等。

以"用"为主的海绵设施包括雨水箱等，通常用于收集建筑屋面雨水，将其作为中水回用于灌溉、清洁等，如图1-14所示。

植草沟是以"排"为主的海绵设施，如图1-15所示，主要用于收集、输送、排放雨水径流。

许多污染物，如营养物质和细粒沉积物，需要一系列的措施进行有效处理。因地制宜地选择一套适合的海绵设施非常重要，这些设施可以完成一～三级的处理流程，详见表1-1、表1-2。

海绵设施一级、二级和三级处理过程　　　　　表1-1

处理级别	过程	污染物	设施举例
一级	利用水力和物理过程迅速过滤	垃圾和粗粒沉积物	截留井、过滤带、垃圾拦网、沉淀池
二级	过滤细颗粒，去除沉淀物	细颗粒沉积物和附着在其上的污染物	草沟、下渗设施、透水铺装、生物滞留设施
三级	通过进一步沉降、生物吸收、吸附等生物和化学反应去除污染物	营养物质、可溶性重金属、病原体	生物滞留设施、人工湿地

海绵设施二级和三级雨水处理过程细节　　　　　表1-2

过程	污染物举例	说　明
吸附	营养物质、重金属含量、微生物、碳氢化合物、油类和油脂	吸附就是把污染物留在固体介质表面，一般通过电化学吸引效应来实现，例如非常细的黏土和活性炭上会产生负电荷。 溶解的物质也可以通过被过滤材料吸收和被过滤材料上生存的微生物吸收而去除

续表

过程	污染物举例	说　明
生物过滤	有机物质、营养物质	这个过程类似于过滤，但包括生物成分（植物和土壤微生物）。 植物的根可以直接提供物理过滤，此外，它还可以提供有机物质，来吸附或螯合某些污染物
生物吸收	营养物质、金属、微生物、一些多环芳烃、油脂	微生物在促进生物吸收方面发挥了很大的作用，许多潜在的污染物可以被微生物去除。 植物也可以吸收雨水中的营养物质和金属物质，然而，当生物死亡和腐烂时也会向水中释放污染物
转化作用	碳氢化合物、杀虫剂和除草剂的残留	生物或化学转化作用就是污染物通过转化变为有害程度较低化合物的一系列化学和生物过程，可能使污染物变得无害。 这也适用于某些致病微生物，这些致病微生物可以被自然界中的其他微生物所食用
分解作用	有机物	分解作用是微生物通过好氧和厌氧反应来减少生化需氧量（BOD）、分解营养物质和有机化合物的过程。 在厌氧条件下，微生物可以通过反硝化作用来去除氮，这是人工湿地实现其功能的重要过程
过滤	沉积物和任何被吸附的污染物	过滤是一种物理处理方法，受污染的雨水通过固体介质（或天然土壤），小的颗粒就会停留在介质中。 当沉积物颗粒通过滤床或土壤时，可以被各种过滤过程去除，这些过程包括沉降到缝隙中、通过静电或其他粘合作用吸附在过滤介质颗粒上。 被留下的颗粒大小在很大程度上是被过滤介质的孔径所控制的。过滤器的材质有天然介质（泥炭、沙子等）、土工织物和生物过滤等
絮凝	细沉积物	一些非常细小的悬浮沉积物可以通过絮凝作用被去除。 当淡水与咸水混合时，絮凝过程会自然发生。除此之外，可以在池中添加絮凝剂来促进沉淀物絮凝。 如果密度和质量比较低，大于$30\mu m$的絮状物可能无法在沉淀池或者雨水塘中去除
微生物生物膜	营养物质、金属、微生物、碳氢化合物、油类和油脂	微生物群落在植物根茎和土壤介质的交界处形成生物膜。 生物膜可以拦截、代谢，有时还能转化一系列污染物
沉淀	沉积物和任何可吸附污染物	沉淀作用是通过重力从水体中除去沉积物。 粒子的沉降速率受到粒子质量的影响——粒子越重，沉降速度越快。 粒子大小范围从大固体颗粒（$>75\mu m$）到极细颗粒（$<10\mu m$）。大多数悬浮在雨水中的颗粒直径都小于$120\mu m$。 颗粒的形状、密度，水的黏滞性，静电力和水的流动特性等都会影响沉降速率

续表

过程	污染物举例	说　明
挥发	轻烃	挥发作用是指液体转化为气体的过程。较轻的碳氢化合物，如汽车燃料，经常会从固体表面挥发而不会进入到雨水中。 挥发的程度取决于天气条件，即温度以及轻烃的泄漏是否与降雨事件发生时间相吻合

　　海绵设施是一种复杂的、综合的技术措施，涉及多领域、跨学科的研究，需要科学的计算和完善的运行维护计划。只有通过正确的理念指导、良好的技术手段、系统的工程思维，将景观、建筑、文化、娱乐与海绵建设充分融合，才能在应对雨洪灾害的同时寻求管理灾害、获取雨洪资源利用的机会，建设更宜居、美好、高质量的新型城市。

　　海绵设施种类丰富，本书难以全部囊括，后文将根据国内外建设实践，选择典型的"渗滞蓄净用排"设施，例如植草沟、生物滞留设施、下渗设施、雨水塘、人工湿地、雨水箱、绿色屋顶等进行详细介绍。

2　典型海绵设施

2.1　典型设施简介

2.1.1　植草沟

植草沟是收集、输送、净化雨水的海绵设施，可用于衔接其他海绵设施、雨水管渠和超标雨水径流排放系统，通常应用于道路和停车场等不透水面积较大的区域。

植草沟的长度可灵活，一般都种植草类植被，但也可以种植更密集的其他植被和景观植物，有干式（图2-1）、湿式（图2-2）、生物滞留植草沟（图2-3）等多种类型。

干式植草沟是应用最为广泛的植草沟种类，具有传输，导流和渗透功能，经常与雨水管渠和其他设施衔接。湿式植草沟是普通干式植草沟的演变，适用于纵坡坡度较小、地下水位较高或由于饱和土壤含水条件形成连续基流的地块径流处理。

图2-1　干式植草沟

图2-2　湿式植草沟
（图片来源：http://cdrpc.org/2018/05/green-infrastructure-presentations-from-webinar/）

图2-3　生物滞留植草沟

生物滞留植草沟从表面上看类似于普通植草沟，但地表下填充了具有下渗能力的生物介质材料，也常称介质土。不透水表面区域的径流可直接排放到这种具有过滤功能的介质土中。生物滞留植草沟有水质处理和水量削减的功能。

生物滞留植草沟的渗流渠一般沿着植草沟洼地铺设，或者多数情况在植草沟的下游部分铺设。雨水首先通过植被过滤，处理粗中型沉积物，防止堵塞生态渗流渠组件，随后渗透进入填充了砂子或砂砾介质的渗流渠。这些介质用于植被生长和雨水细颗粒过滤，而生长于介质上层的植物根部生物膜则吸收营养元素。经过生物滞留植草沟的渗透，雨水被多孔管道收集排放或储存。生物滞留植草沟被广泛用作雨水的源头控制，可使用于私人场所、公用场地、停车场和沿道路走廊（人行道和中心绿化带）。常见的做法是设置路缘直接连接生物滞留植草沟。

2.1.2 生物滞留设施

生物滞留设施是通过植被—土壤—填料等多层介质来渗滤径流雨水的设施。净化后的雨水根据水质条件可渗透补给地下水，或通过设施底部的盲管定向排放到市政管道或后续处理设施。常见的生物滞留设施包括雨水花园（图2-4）、雨水花坛（图2-5）、生态树池（图2-6）等。

雨水花园通常建在低洼地区，汇流的雨水可以通过特定的土壤、砂和有机覆盖层过滤。雨水经过这些介质时自然净化，再汇集到传统的雨水输送管道。在干旱时期，过滤介质可以储存雨水，供给植物水分，促进污染物的降解、吸收和代谢。另外，还可以在雨水花园中的过滤层上设计一层积水层，以便临时收集雨水。

雨水花坛通过表层土壤浸润，中层土壤渗透，下层土壤汇集，然后进入排水层，经管道流入雨水排放系统。雨水花坛可减缓径流，亦可在一定程度上过滤雨水中的泥沙和污染物。花坛中通常会种植适合本地种植的树木和灌木，成为一道风景。

图 2-4　雨水花园　　　　图 2-5　雨水花坛　　　　图 2-6　生态树池

生态树池适用于闹市街道、停车场以及大面积不透水路面的雨水收集和处理。树木还可以挡风、遮阳、避雨，也能够净化和储存雨水。雨水径流汇集于树池，可能短时间积水。雨水经过生态过滤后，被底层多孔管收集，然后排放至下游雨水系统。

2.1.3　下渗设施

下渗设施是把雨水从地表引导到底层土壤的海绵设施，包括下渗管/渠、下渗井以及透水铺装等。雨水花园、植草沟、雨水塘等设施也具有一定程度的下渗功能，但其主要用于滞蓄、净化等，故不纳入下渗设施，而是单独介绍。

下渗管/渠（图2-7）指具有渗透功能的雨水管/渠，可采用穿孔塑料管、无砂混凝土管/渠和砾（碎）石等材料组合而成。

下渗井指通过井壁和井底进行雨水下渗的设施，为增加渗透效果，可在下渗井周围设置水平渗排管，并在渗排管周围铺设砾（碎）石。

透水铺装按照面层材料不同，可分为透水砖铺装（图2-8）、透水水

图2-7　下渗渠

图2-9　透水沥青

图2-8　透水砖

泥混凝土铺装和透水沥青混凝土铺装（图 2-9），嵌草砖、园林铺装中的鹅卵石、碎石铺装等也属于渗透铺装。雨水可以直接通过铺砌材料渗透，也可从透水砖的缝隙之间渗透到土壤或排水渠，从而进入下一个雨水设施中。

2.1.4 雨水塘

雨水塘在国外已应用多年，最初以调控水量为主，后来逐渐加强了净化水质的功能。雨水塘可结合绿地、开放空间等场地条件设计，平时发挥正常的景观及休闲、娱乐功能，暴雨发生时发挥调蓄功能，实现土地资源的多功能利用。

雨水塘主要分为干塘（图 2-10）与湿塘（图 2-11）两种类型。干塘在暴雨期间暂时储存雨水径流，控制排放峰值速率及流量，在无雨期通常是干的。湿塘常年有水，是具有雨水调蓄、净化功能和景观价值的水体。

2.1.5 人工湿地

人工湿地（图 2-12）是具有防洪滞蓄、水质处理、栖息地和娱乐景观等功能的浅水植物塘，是一种高效的径流污染控制设施，并具有一定

图 2-10 干塘

图 2-11 湿塘

图 2-12 人工湿地

（图片来源：https://ag.tennessee.edu/watersheds/Pages/Created-Wetlands.aspx）

的径流峰值流量控制效果。植物是湿地中的天然过滤器，可以在雨水流入小溪、河道或湖泊前滤除污染物。

人工湿地是间歇性或长期被浅水淹没的区域，可以结合人造景观创造舒适的环境，常应用于有一定空间条件的建筑与小区、城市道路、城市绿地、滨水带等区域。

2.1.6 雨水箱

雨水箱（图 2-13）是一种水量调节控制设施，通常用于收集和存储屋顶雨水，减少暴雨时集中外排的径流量。雨水箱通过出水孔口来限制水箱雨水排放速度，达到缓解雨水外排的压力。除此之外，储存的雨水也可用于灌溉花园或作为其他非饮用水资源。

雨水箱在国外应用广泛，通常采用塑料、玻璃钢或金属等材料建设为地上或地下封闭式形式。虽然其目前在国内普及程度尚不高，但雨水箱对于缓解建筑物雨水影响，以及对干旱地区、水资源匮乏地区的作用非常明显，具有较大的应用潜力。

2.1.7 绿色屋顶

绿色屋顶（图 2-14）泛指种植屋面、屋顶绿化，是一种节水、节能、节地的绿化方式，既可采用简单的草坪，也可以建设组合式的花园、水景等。绿色屋顶可有效减少屋面径流总量和径流污染负荷，具有节能减排的作用，但对屋顶荷载、防水、坡度、空间条件等有严格要求，适用于符合屋顶荷载、防水等条件的建筑。

随着城市建设的飞速发展，城市空气污染问题日趋严重。如何在有限的城市空间内扩大绿化面积，成为人们必须面对和解决的新问题。因

图 2-13 雨水箱

图 2-14 绿色屋顶

（图片来源：https://www.soujianzhu.cn/news/display.aspx?type=2&id=3968）

此屋顶绿化在国内外得到了广泛的应用，已经成为建筑的"第五立面"、都市的一道风景线。

2.2 设施选用

海绵城市典型设施功能各异，适用条件不同，需根据建设目标、场地条件、汇水区面积、土壤特征、地面坡度等灵活选用。

2.2.1 功能比较

不同的海绵城市典型设施具有不同的功能（表2-1），选用时考虑场地条件和规划控制目标。以雨水资源化为主要目标时，可优先选用雨水储存利用设施；以径流峰值控制为主要目标时，可优先选用峰值削减效果较优的雨水调蓄设施；以径流污染控制为主要目标时，可优先选用雨水净化渗透设施。除了储存、调蓄、净化等水量和水质管理功能，海绵设施还具有一定的社会文化及生态价值，具有提升景观及城市环境品质的潜力。

七大典型设施功能比选表　　　　　　表2-1

典型设施		植草沟	生物滞留设施	下渗设施	雨水塘	人工湿地	雨水箱	绿色屋顶
水量管理	调蓄能力	—	○	—	●	●	○	—
	径流总量控制	○	●	●	●	●	○	○
	存储利用	—	—	—	○	○	●	○
	回补地下水	○	●	●	●	●	—	—
水质管理	悬浮物	●	●	○	●	●	—	—
	重金属	○	●	—	○	●	—	—
	油污	○	●	—	○	●	—	—
	有机质	○	○	—	○	●	—	—
	烃类	○	●	—	○	●	—	—
生态价值	栖息地	○	○	—	●	●	—	—
	生态廊道	○	○	—	●	●	—	—
	植物多样性	○	●	—	●	●	—	●
	动物多样性	○	○	—	○	●	—	—
	乡土植物保护	○	●	—	●	●	—	○
社会文化价值	景观与舒适度	○	○	○	●	●	○	●
	社区互动	○	●	○	●	●	○	●
	公众安全	○	○	●	○	○	●	○
	教育意义	●	○	●	●	●	●	●

注：● 非常有用；○ 部分有用；— 基本无用。

除了功能比选之外，设施的选用应符合用地类型、场地土壤渗透性、地下水位、地形等特点。必要时可选用多种典型设施组合，在满足控制目标的前提下，组合中各设施的总投资成本宜最低，并综合考虑设施的生态价值和社会文化价值。当场地条件允许时，优先选用成本较低且生态、社会等价值较优的设施或组合。

2.2.2　汇水区面积因素

海绵设施只有建在正确的场地才能发挥效用。选择场地的关键要素之一就是雨水汇水区面积。根据水质净化和水量滞蓄目标的不同，每种海绵设施都有适宜的汇水区面积，如图2-15所示。依赖植物或过滤介质进行雨水处理的设施，适合较小的汇水区，因为过大的径流可能会降低其过滤能力；而像雨水塘这种对场地和水位有一定要求的设施，则适合设置在较大的汇水区里。雨水箱适宜的汇水区面积由收集和回用的需求决定，绿色屋顶适宜的汇水区面积由屋顶面积决定。

2.2.3　土壤因素

诸多海绵设施的功能在很大程度上依赖于土壤性能。渗透性大的土壤可以提高某些海绵设施的功能，同时也可能降低另外一些设施的效果，如雨水塘、人工湿地等。雨水塘和人工湿地需要长久的积水或是饱和土壤来维持水质处理功能，如果建设在土壤渗透性强的场地上，则需要安装防渗衬垫。下渗设施依赖于水在土壤层中的转移，渗透性大的土壤更容易传输雨水径流。某些生物滞留设施不完全依赖于土壤，它们的过滤

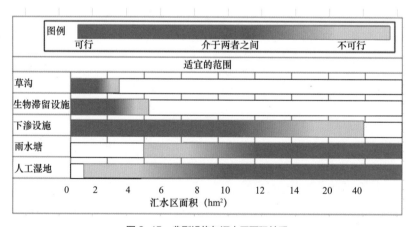

图2-15　典型设施与汇水区面积关系

（图片来源：根据《Auckland Council's Technical Publication 10（TP10）：Stormwater Management Devices Design Guidance Manual》改绘）

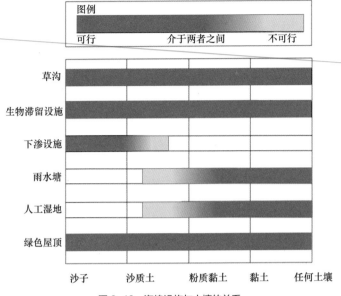

图 2-16　海绵设施与土壤的关系

（图片来源：根据《Auckland Council's Technical Publication 10（TP10）：Stormwater Management Devices Design Guidance Manual》改绘）

净化功能取决于设施里面的过滤介质和表层植被。图 2-16 说明了海绵设施与土壤的关系。

2.2.4　坡度因素

在选择海绵设施时，地形坡度是一个重要的考虑因素。陡峭的斜坡对一些设施完全不适用，而对于另一些设施可以通过合理的设计克服陡坡带来的问题。

雨水塘为雨水提供了永久或者临时的储存点，它对面积和容积有一定的要求，随着坡度的增加，它的雨水处理能力有所降低。生物滞留设施的功能取决于雨水滞留在设施里的时间，坡度增加会减少雨水滞留时间，从而降低设施功效。下渗设施也会受坡度影响，径流在进入下渗设施前需经过前置池，过陡的坡度会减少前置池空间，导致雨水处理量减少。其他设施，如植草沟能较好地适应陡坡区域，但需要将其沿着等高线的方向设置。

2.2.5　其他因素

除了汇水区面积、土壤类型和地形坡度外，还有一些因素可能影响海绵设施的选择，如表 2-2 所示。

海绵设施的其他限制条件 表 2-2

设施类型	陡坡	地下水位高	靠近岩层	斜坡不稳定	场地面积限制	深度限制	泥沙量大	温度影响
植草沟	○	○	○	○	○	—	×	—
生物滞留设施	○	○	—	○	—	○	○	—
下渗设施	×	×	×	×	○	×	×	—
雨水塘	×	—	○	×	×	×	○	×
人工湿地	×	—	○	×	×	×	○	×

注：——一般不受限制；○可通过合理设计来克服；×一般不适用。

　　绿色屋顶和雨水箱主要受屋顶面积、雨水回用要求、建筑空间、产品工艺等因素限制，二者的限制条件将在后续相关章节中详细说明。

　　除了以上条件，在海绵设施选择时还需要考虑成本效益，尽量考虑节约成本的方式，实现目标效果。

3 方案与设计

　　海绵设施选用与设计应遵循生态环保、因地制宜、资源节约、经济适用、多专业融合的原则，进行详细的平面与竖向分析；统筹考虑海绵设施与建筑小区、城市道路、绿地广场、景观水体的关系；保证海绵设施与城市雨水管渠系统和超标雨水径流排放系统的衔接；明确指标与参数，通过科学设计，充分发挥单体海绵设施及其组合的功能。

3.1　设计原则

　　海绵设施设计应遵循以下原则：

　　（1）生态环保

　　最大限度地保护自然水体，减少对城市原有水文特征和生态环境的破坏，对已有的城市基础设施不产生新的负荷压力。

　　（2）因地制宜

　　海绵设施与传统排水设施类似，均以水文学和水力学为基础，只是海绵设施具有不同的应用方法和更加灵活的组合方式，需结合各地气候、土壤、土地利用等条件，选取适合当地的技术与工程措施，促进雨水的储存、渗透和净化，尽可能维持开发前的水文特征。

　　（3）资源节约

　　将海绵设施雨水管理目标与城市建设发展目标相结合，改善城市水资源循环、提高城市水资源利用率，实现水系统的可持续发展，避免无效开发和资源浪费。

　　（4）经济适用

　　设施规模、材料设计都应经过经济比选，确定最优方案。鼓励本地材料的使用。

　　（5）多专业融合

　　海绵设施设计应该基于土地开发规划，场地特征，监管部门的规划、管理和对环境的考虑等因素来制定设计标准，结合景观、建筑、给排水、地质土壤、生物等多个专业，以满足水质、水量控制以及景观、生态的需求。通常情况下，满足设计标准的方案不止一个，需要从功能性、生态性、经济性等多方面考虑，选择最合适的方案。

3.2　设计流程

在海绵设施设计时应将海绵设施雨水管理目标与城市建设发展目标、以流域为单元的上位规划、整体系统方案和设计思想相衔接，在设计时应以水文学和水力学为基础，结合各地气候、土壤、土地利用等条件以及水环境保护要求选取适合当地的工程及组合，促进雨水的储存、渗透和净化，恢复开发前的水文状况。

借鉴国外长期实践经验，海绵设施可根据以下程序进行设计，包括项目前期规划、场地评估、指标确定、方案设计等阶段，设计流程如图3-1。

图3-1　海绵设施设计流程框图

3.2.1　项目前期规划

某个地块（项目）要进行海绵建设前，项目管理部门应该联络相关单位，组织召开项目启动会议，讨论确定项目的性质、主管承建单位、后期维护管养事宜等，准备项目相关材料，组织资料收集及需求调研。

3.2.2　场地评估

3.2.2.1　资料收集及实地踏勘

为了客观地评估设计场地的本底条件、规划设计限制，需要对如下资料进行收集：

（1）掌握地下设施情况

收集项目总平面、地下管线、市政管网等基础资料，明确可能接入市政管网的现有接口信息。

（2）项目地质与土壤信息

在海绵城市建设时若考虑下渗设施，则需收集土壤特性、地质条件等相关资料，必要时进行现场检测，如现场渗透实验，确定土壤下渗系数。

（3）当地集水特征和水文数据

收集水文气象、地形地貌、土地利用及下垫面条件等相关资料。对汇水区内的地形进行调查分析，地形数据将影响排水方式的选择和汇水区内的径流计算。收集土地利用资料是为了帮助判断潜在的径流污染源是集中的还是分散的。地形和土地利用规划将决定子流域的划分，并由此对径流产生影响，在合理的范围应尽可能减少分散排水区面积，方便对雨水径流进行控制管理。

（4）掌握当地环境、生态或文化相关信息

了解项目位置、建设范围、规模、服务人群等项目概况，收集相关水系、地下水现状资料；收集相关野生动物栖息地、景观特征和社区用途等资料；收集相关的上位及专项规划，明确各个相关部门对项目的要求。

除了进行资料收集、信息集成及分析外，项目设计者还应该实地踏勘，以便掌握项目建设用地及其周边地形地貌、市政道路，了解周边水系、管网及排水设施等情况，初选可建设海绵设施的空间位置等。

3.2.2.2　明确需求与外部边界条件

明确场地在城市总体规划、控制性详细规划中的用地性质、控制性详细规划给出的控制指标、土地出让条件、规划设计条件及海绵城市建设的相关要求；对重要区域进行内涝风险分析，确定海绵设施需要重点考虑的问题，研究分析场地的制约因素。

3.2.2.3　识别场地内保护水敏感区域

根据控制性详细规划及相关规划，识别场地中的蓝线和绿线范围，明确场地中需要被保护或者修复的区域。

3.2.3　目标指标确定

根据上位规划要求，结合现场踏勘情况，考虑汇水区水资源需求和水质保护目标，参照开发规划图纸的用地类型，确定海绵设计的目标指标。

海绵设施通过水量的滞蓄实现各自功能，其本质是提供截留或蓄水容量，主要通过对水质保护指标、峰值控制指标、生态缓排指标这三个指标的控制，实现雨水径流污染的截留、入渗、滞蓄、净化等功能（具体详见3.3节）。

具体的雨水管理目标可能会根据资金限制、可行性等因素而有一定协调空间。如有变化，必须经过有关部门批准。

3.2.4　方案设计

3.2.4.1　分析场地竖向、划分排水分区

（1）对场地的竖向进行分析，明确自然汇流方式

海绵设施的设计需要参照自然汇流路径，因此了解当地的自然汇流方式是开展建设的前提。有时需要在下渗前去除径流中的污染物，例如当工厂下方土壤是渗透性土壤时，通常会发生自由下渗，径流污染可能会导致地下水污染。

（2）划分排水分区

对汇水区内的地形进行调查分析，地形数据将影响排水方式的选择和汇水区内的径流计算。应查明排水通道和低洼地区、场地原始地形中已有低洼地、自然排水通道，原则上应予以保留。若对场地实施填方操作，则应对填方区域及同一排水分区其他可能受影响区域进行内涝风险分析。

明确各排水分区接入市政管网接口。排水口的位置会影响海绵设施的选择，对水质和水量也会产生影响，因此需在设计早期确定排水口位置。在理想的状态下，地表径流应尽可能返回到不同的自然环境中，以分散对受纳水体的影响。

3.2.4.2　确定缓解开发后水文影响的需求

需要定量分析场地内各排水分区由于开发造成的雨水径流水质、水量及径流过程的改变量，为其后确定海绵设施布局及规模提供支撑。

具体可根据开发规划图纸，确定开发区内不同用地类型的位置、面积及径流系数。计算不透水面积占总面积的百分比，核查此面积是否符合本排水分区工程方案的要求。

选用合理的水文方法，或使用数值模型辅助计算降雨在开发区所产生的径流量。

3.2.4.3　技术选择和设施平面布局

结合不同区域水文地质、水资源特点、建设场地的下垫面特征、设施的功能特点及技术经济分析，选择海绵设施及其组合系统，并进行平面布局，计算规模。方案设计技术选择需要考虑的因素如图 3-2 所示。

3.2.4.4　多种方案比选，确定最优方案

对初选的多种方案进行技术经济比较，条件具备时应使用数值模拟对设计方案进行综合评估，并结合技术经济分析确定最优方案。

在设计方案获评通过后，可组织更为细致的初步设计及施工图设计。在深化阶段，设施的规模和重要参数应根据设计目标，经水文、水力公式计算得出，有条件的应通过模型模拟评估，并结合技术经济分析确定最优方案。

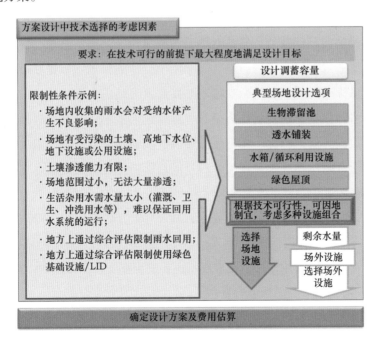

图 3-2　方案设计中技术选择的考虑因素

主要设施设计参数包括：

① 基本形状（长度／宽度、体积、局部地形地势）；

② 入口／出口位置和相对高度；

③ 水位控制方案；

④ 设施分布方式（串联／并联）；

⑤ 设施组件的技术参数（过滤介质、筛眼孔径、土工布参数等）。

3.2.4.5　初步设计

初步设计可根据选定的设计方案，确定海绵设施的规模，落实内涝防治措施和控源截污措施。明确海绵设施的平面布局、竖向、构造，及与城市雨水管渠系统、超标雨水径流排放系统的衔接关系。明确工程量，并进行工程概算。

3.2.4.6　施工图设计

根据批准的初步设计进行施工图设计。施工图设计文件应能满足施工、安装、加工及编制施工图预算的要求，并据以进行工程验收。施工图设计文件通常包括海绵设施平面布置图、场地及海绵设施竖向设计图、海绵设施大样图等。

3.3　设计指标

城市开发将改变原有的下垫面条件，从而引起地表产流、汇流、雨水径流污染特征的改变，导致对下游自然溪流、河道、湖泊、湿地等水生态系统造成不同程度的影响。海绵城市设计的根本宗旨是城市的雨洪管理，目标是防止或尽量减少城市开发对水环境的影响。而减少源头流量和雨水污染物，通常被认为是一种比管道末端解决方案更有效和更具成本效益的方法。因此，无论是低影响开发还是海绵城市，雨洪管理的核心理念都是从源头控制径流，尽可能地保持土地开发前的水文生态特征，缓解城市开发对水环境的影响。

在美国，不少城市采用 1 英寸雨量计算 LID 设施容积，以控制服务范围的初期雨水径流污染。一些环境敏感的沿海区域或水库上游则控制 1.5 英寸雨量。除此以外，许多城市或州还要求控制 2、5、10、20、50 甚至 100 年一遇暴雨事件的峰值流量。

在澳大利亚墨尔本，雨洪管理的指标包括：控制城市年总径流 80% 的悬浮物、45% 的总磷、45% 的总氮、70% 的垃圾废弃物，同时保证城市开发前后 1.5 年一遇降雨所产生的径流量保持不变。

在新西兰奥克兰，雨洪管理从水质、水量、生态三方面出发，控制城市开发对水环境的影响。奥克兰的雨洪管理指标体系融合了发达国家的综合经验，其应用经历了近 20 年的研究、观察、评估和实践指导，可为我国当今海绵城市建设、内涝防治和水环境治理提供参考。

本书主要借鉴新西兰奥克兰市的雨洪管理指标体系，结合我国的海绵建设要求，逐章解释典型海绵设施的规划、设计、施工、维护和管理要求，以帮助技术人员、施工团队和管理部门系统地理解海绵设施，从全生命周期的角度出发建设好海绵城市。

新西兰于 1991 年颁发了《资源管理法》，制定了雨水排放许可证制度。在此之后，每个地区又颁发了更详细可行的地区性规章制度。例如，《奥克兰地区规划：空气、土地和水》（ALW）定义了雨水排放许可条件，允许不透水面积小于 1000m² 的区域所产生的雨水排向任何土地或水体，如果超出这个范围，则应获得排放许可证后才可进行下一步工作。2012 年通过的《奥克兰愿景计划》❶制定了 30 年的城市发展战略愿景，取代了各地区的规划，要求城市建设和开发过程中综合管理好土地、水和海岸的以下事项：

①珍惜城市的自然遗产；

②考虑自然资源的可持续管理；

③珍惜海岸线、港口、岛屿和海洋区域；

④建立对自然灾害的抵御能力。

这四个优先事项都与雨洪管理有关，从宏观上提出了水环境保护的要求。在微观层面，奥克兰将雨洪管理的指标从源头控制分解为水质保护、生态缓排、峰值控制三部分。

（1）水质保护指标

水质保护指标是指为实现水质保护目标所需要控制的 24h 设计雨量。主要为通过 LID 设施截留包含泥沙和污染物的雨水径流，从而清除部分悬浮沉淀物，以及附着在沉淀物上的微量金属、营养物、油脂类及细菌等污染物，以实现水质保护目标。

奥克兰 2003 年发布的《雨洪处理设施设计导则》（TP10）中规定，该指标为 LID 设施能实现滞留汇水区域 2 年一遇 24h 设计降雨的 1/3 的雨量产生的径流，以期控制源头雨水径流污染。2017 年颁布的 GD01 导

---

❶ 详见 http://theplan.theaucklandplan.govt.nz.

则将此标准再度更新，以 LID 设施能实现滞留汇水区域 90%（某些区域为 95%）场次控制率相应雨量产生的径流，作为水质保护指标，不同地区的该数值可通过奥克兰政府颁发的水文手册查得，24h 雨量大约在 24 ～ 34mm 之间。

按照此设计降雨计算得出调蓄容积称为"水质保护容积"（Water Quality Volume，WQV）。具体 LID 设施设计时，需提供水质保护指标降雨条件下不外排的雨水调蓄容积，确定设施的最小有效容积。

（2）生态缓排指标

小雨量事件由于场次多，对于受纳水体基流特征和河道物理结构的稳定性起着重要作用。生态缓排指标是指为实现水生态保护需要控制场地雨水缓慢排出的 24h 设计雨量。生态缓排目标希望 LID 设施调蓄小雨量事件所产生的径流，保证其在雨后一定时间后才缓慢排出，保持开发前的缓排效果，以维持受纳水体基流特征及河道物理结构的稳定性。

《雨洪处理设施设计导则》中规定该指标为 LID 设施能实现调蓄汇水区域内 24h 34.5mm 降雨产生的径流量，且在雨后 24h 才能排空。2017 年颁布的 GD01 导则将此标准再度更新，以 LID 设施能实现调蓄汇水区域 95% 场次控制率相应雨量产生的径流，对应的降雨量从水文手册可以查得，大约在 32 ～ 48mm 之间。

工程中一般利用雨水源头调蓄设施，通过出口排水流量控制实现缓排，此功能所需要的调蓄容积，称为"生态缓排容积"。

（3）峰值控制指标

土地开发增加下游区域洪涝风险，峰值控制目标为维持汇水区设计暴雨特征流量，从而缓解对下游河道水系断面形态的影响。对降雨概率 2 年、10 年甚至 100 年一遇 24h 的降雨事件，保持土地开发后径流峰值流量不大于土地开发前。实现此功能的 24h 设计暴雨即为峰值控制指标。

根据具体指标设置雨水源头调蓄控制设施，削减外排径流峰值，利用数学模型模拟计算调蓄设施容积，保障土地开发后径流峰值流量不大于土地开发前。工程中一般利用雨水源头调蓄设施，通过排水设施流量控制实现不同设计频率的峰值削减。实现此目标所需要的调蓄容积，称为相应设计频率的"峰值控制容积"。

（4）指标对应径流量及峰值计算

确定设计指标之后，根据《美国土壤保持局（U.S. SCS）径流参数及径流量计算》（详见附录）方法，计算指标对应的汇水区径流量与峰值流量，以便确定设施的水质保护、生态缓排以及峰值控制容积。

根据奥克兰政府研究规定，当海绵设施同时考虑了水质保护与生态缓排指标时，水质保护容积（WQV）可以减少50%。

（5）小结

上述指标体系对设施规模、工程体系和实施效果起着非常重要的作用。此指标体系与我国2014年《海绵城市建设技术指南——低影响开发雨水系统构建》中所提出的相似。但是我国绝大多数城市在推行海绵城市建设时，对雨量控制仅仅采用了"径流总量控制率"。根据《海绵城市建设技术指南——低影响开发雨水系统构建》关于"径流总量控制率"定义，此指标相当于新西兰的"水质保护指标"，对生态缓排和峰值控制实际上没有相应的源头海绵设施设计指标。

新西兰奥克兰的指标体系，以"水质保护指标"控制雨水径流污染，"生态缓排指标"提供河流生态健康基流条件，"峰值控制指标"缓解内涝风险。当今中国大多数城市面临生态、水质、内涝等综合问题，对其指标的理解和应用仍不够完整。无论通过海绵城市还是其他名义上的工程体系，如果忽略技术上的合理指标体系，工程体系都会偏离正确的方向。

上述水质保护、生态缓排、峰值控制指标决定设施的选取以及规模的确定。例如透水铺装具有"水质保护"功能，但难以实现"生态缓排"指标，更没有峰值控制功能。如需实现内涝缓解，则应选择有雨水塘、人工湿地等"峰值控制"作用的海绵设施。三大指标的满足往往需要进行海绵设施之间的组合，以实现综合功能。

3.4 设计要点

科学的海绵设施设计可以有效地削减城市径流污染负荷，削减洪峰流量，延缓径流的峰现时间，节约水资源，保护和改善城市生态环境，促进城市的可持续发展。

在海绵设施设计过程中，需要充分考虑多方面的因素和影响，包括上位规划、项目本底条件、径流组织、雨水利用、组合设计、生物多样性、景观、安全、协同设计、维护管理和成本效益等。其中上位规划是海绵设施的目标与功能指导，充分的本底条件分析是设施设计的基础，在满足规划与功能目标的基础上，也要尽可能地考虑雨水利用与下游水质的需求，必要时采用组合嵌套设计的方式。同时为了避免海绵建设开发过程中对城市总体景观、生态环境以及其他专业设计的影响，在设计过程中就必须考虑景观效果、公共安全以及和其他专业的协同设计等。为了便于后期的维护管理，设计必须要充分考虑这方面的需求，降低后续维护工作的难度和工作量。对于设施的选用以及规模的确定，应考虑成本，进行效益分析、方案比选。

3.4.1　上位规划

海绵设施的设计目标应满足上位规划，包括城市总体规划、各类专项规划，尤其是蓝线、绿线、生态控制红线、海绵城市规划等。

上位规划的目标和要求是海绵设施建设需要满足的前提条件。因此，在建设之初应尽可能地收集相关上位规划，明确各个部门要求。

3.4.2　本底条件

在项目开展初期应收集场地本底条件的相关信息，包括降雨特征、地形地貌和土壤等。这些在设施设计时，都必须加以注意，合理运用本底特征，以充分发挥设施的功能。

（1）降雨特征

在海绵设施设计时需要考虑设施所在地的降雨特征。获取本地的降雨数据，用以评估场地开发前后的径流量变化；在进行设施入口尺寸设计和预处理单元设计时，需要充分考虑初期雨水的峰值流量；设施的调蓄容积规模等与初期雨水产生的径流量有关；地表导流的形式、路径等则需要考虑当地短历时暴雨的雨量、峰值雨强等。

（2）地形地貌

地形地貌影响排水方式的选择、集水区组成、海绵设施的规模、布局以及设施的选择和优化组合。海绵设施应对地形的设计非常灵活。例如，可在陡峭的地方沿着等高线布置植草沟；也可在陡峭的地方将浅植草沟与垂直的石笼墙连接到一起，将植草沟设计成"瀑布"。

（3）土壤

在海绵设施设计时，应充分考虑土壤对设施的影响，海绵设施的功能非常依赖于土壤的性能。土壤的下渗特征（初渗、稳渗的渗透速率）、地下水位的高度以及土壤的含盐量等在很大程度上影响了设施设计参数的确定。在设计时，应充分考虑当地土壤的特征，尤其是选择下渗设施时，应对土壤特性进行初步评估，最好是采用现场渗透试验的方式，必要时

需要采用土壤改造、换填、排盐等方法优化设施底部土壤的性能。

3.4.3 径流组织

海绵设施设计中径流组织是非常重要的环节，影响设施径流组织的设计的因素通常有汇水分区、场地坡度和下游排水口的位置等。汇水分区的径流是设施的来水水源，场地坡度影响设施内部的导水路径，下游排水口的位置决定了设施最终出水口的位置和高程等。

设施所在的汇水分区决定了进入设施的雨水径流量、来水的水质、径流的峰值以及峰值时间等。因此汇水分区的用地类型、下垫面情况、建设规划等是非常重要的考虑因素。

主要的汇水区参数包括：

① 汇水区面积；

② 不透水面积的百分比；

③ 水力连通性；

④ 基流或仅暴雨引起的径流；

⑤ 汇水区土地利用情况和预期污染物。

根据地形、水系、道路、管网等细分汇水分区。分析汇水分区的径流量和径流峰值、径流污染物等。峰值流量过大，需要在设施入口处设置一些防冲刷的碎石，对于径流污染较为严重的汇水分区，应通过调整设施内部雨水径流路径，延长雨水停留时间，尽可能都让雨水经过滤处理后再排出。

海绵设施的设计可以参照自然汇流路径，因此了解当地的自然汇流方式是开展海绵建设的前提。其次需要根据场地的地形坡度进行雨水的导流和组织，尽量利用原有的地形条件来进行雨水导流和输送，避免大面积的开挖和造坡。

下游排水口的位置会影响设施最终出水口的位置和高程，因此在设计初期就应该收集场地周围的管网及水系排口资料。在理想的状态下，地表径流应尽可能返回到不同的自然环境中，以分散对受纳水体的影响。

3.4.4 雨水利用

海绵设施在设计时应从源头增加滞蓄，下渗补充地下水，涵养本地水源，缓解水资源风险；同时要注重雨水收集与回用，综合考虑汇水区内可收集的区域面积、回用用途、用量与经济性的平衡，具体可参考《建筑与小区雨水控制及利用工程技术规范》雨水回用系统的要求。

3.4.5　组合设计

在海绵设施设计时，有时不仅是单一设施的设计，当场地有需求时或者有其他限制条件时还需要考虑不同设施的嵌套组合，形成雨水处理链，提高设施的雨水处理效果。

当汇水分区的雨水径流污染较低时，一般情况下，单个海绵设施即可满足处理要求；当汇水分区径流污染较高时，则需采用多级设施的嵌套组合设计来满足排放标准。

如下游是敏感的受纳水体，即使是来自低污染风险的雨水径流，也要添加额外的处理措施。敏感受纳水体包括：

① 人体直接接触的开放水体，例如海滨浴场、温泉等；

② 流经公园、野餐地点、公共开放空间的受纳水体；

③ 特定的水生动植物（例如经济性贝类、鱼类，受保护物种）生长的水域；

④ 流经有特殊科学价值场地的水域，例如受保护的栖息地内水域；

⑤ 地下水保护区。

一般可考虑透水铺装等作为初步处理，植草沟或生物滞留设施为中间处理，末端可采用湿地或雨水塘等进一步提高污染物去除率。

3.4.6　景观效果

海绵设施设计需与地块景观有机融合，创造生态宜人的环境。在设计过程中，需要与规划师和景观设计师进行讨论，共同平衡景观设计与海绵建设的主次关系。

海绵设施选择时，应尽可能与周边场地相协调，设施布局也尽量符合景观的需求。将海绵设施与景观绿地充分结合，发挥公共活动空间的生态价值，同时满足景观、休闲娱乐、调蓄、净化、下渗、回用等功能。

对于景观要求高的公共建筑、高档住宅小区，在海绵设施设计时，应着重考虑其视觉效果。合理使用植物的高度、形态、颜色、纹理，增加植物的结构层次，形成图案和节奏，美化现有景观。

其他功能性用途场地，海绵设施的设计首先要配合其功能的发挥。例如操场设计时，应选择合适的透水混凝土颜色。若设计池塘仅为了美化环境，则可能不对其进行特殊的海绵化处理。

3.4.7 公共安全

工程本身的安全性、使用者的人身安全、二次污染都是海绵设施设计时需要考虑的问题。

人工湿地、雨水塘等大型设施应设立警示标识和预警系统，保证暴雨期间人员的安全撤离，避免事故的发生，并提供额外的安全设施，减少儿童失控落入的可能性；当植草沟设计中有挡水堰时，必须考虑其对行人或割草机的安全隐患；场地竖向调整必须在不影响安全的前提下进行，必要时设置警示标志。

与人体接触或有回用需求的雨水，经过海绵设施处理后还须进行紫外线杀菌等二次处理。处理后的雨水回用于绿化浇灌的，水质应达到《城市污水再生利用　城市杂用水水质》中的绿化用水要求；回用于景观补水的，水质应达到《城市污水再生利用　景观环境用水水质》的要求；回用于冲厕用水的应达到《城市污水再生利用　城市杂用水水质》中的冲厕用水要求。

通过因地制宜的设计，避免海绵设施造成二次污染。例如，冬季使用融雪剂的北方地区，城市主干道上的"海绵道路"要做好防渗漏工作，防止污水下渗，对地下水造成极大危害。

3.4.8 生物多样性

海绵设施应最大限度地提高物种多样性，尽可能地使用乡土植物，为当地的鸟类、昆虫、水生动物、小型哺乳动物、两栖爬行类动物提供栖息地。设计雨水塘和湿地时应设计不同的水深、植被类型，创造不同大小和不同淹水时间的水面，尽可能地增加生境复杂性，满足多样化的野生动物生存需求。

3.4.9 专业协同

海绵设施设计应与园林绿化、道路交通、排水、建筑等专业相协调，应与周边建筑、市政设施相协调，进行一体化考虑。例如当靠近公路排水时，不仅要确保地面渗水快速，还要考虑道路周围的土壤会不会饱和。当道路下方土壤排水不畅时，可能导致地面强度下降以及冻胀。如果沿着道路排水，则需合理设计车辆行驶和停放道位置，避免车辆在排水路径上运行或停放。

3.4.10 维护管理

在设计时，也应当充分考虑维护管理的需求，便于后期的维护管理工作。例如设道冲洗口，方便检查和冲洗盲管；公共地块采用雨水桶，比居住小区更便于维护等。在设计阶段时考虑到这些问题，可以降低后续维护的工作量和难度。

3.4.11 成本效益

在设计海绵设施时，应考虑成本，进行效益分析、方案比选。成本包括土地使用、全寿命周期成本（建设、运营、维护和替代设施）及其他相关费用。

在计算时，应评估整个系统的造价，而不是某个单体。例如，透水路面的单纯造价可能比不透水路面高，但是选择不透水路面还需要配套沟渠、排水、检查井和处理设施，所以不透水路面的整体费用可能更高。

4 施工与管理

4.1 施工建设基本要求

项目一经批准开工建设，便进入施工阶段。这一阶段是项目决策的实施、建成、投产、发挥效益的关键环节。海绵城市建设工程的管理应按照《建设工程项目管理规范》（GB/T 50326）进行管理。施工单位、监理单位必须具备相应资质，施工人员必须具备相应资格。做好施工前、中、后各阶段的相关准备及工作。

海绵工程施工应遵循的国内现有规范详见下表。

海绵工程施工相关现有规范　　　　表 4-1

序号	规范名称	标准编号
1	《给水排水管道工程施工及验收规范》	GB 50268—2008
2	《地下工程防水技术规范》	GB 50108—2008
3	《城镇道路工程施工与质量验收规范》	CJJ 1—2008
4	《雨水集蓄利用工程技术规范》	GB/T 50596—2010
5	《透水水泥混凝土路面技术规程》	CJJ/T 135—2009
6	《透水沥青路面技术规程》	CJJ/T 190—2012
7	《透水砖路面技术规程》	CJJ/T 188—2012
8	《园林绿化工程施工及验收规范》	CJJ 82—2012
9	《人工湿地污水处理工程技术规范》	HJ 2005—2010
10	《种植屋面工程技术规程》	JGJ 155—2013

施工单位应在工程开工前，编制完成施工组织设计，对关键的分项、分部工程分别编制完成专项施工方案。施工组织设计、专项施工方案必须按规定程序审批后执行，有变更时应办理变更手续。

为了快速、优质完成建设项目，应认真做好以下各方面的准备工作，确保实现计划目标。

4.1.1 施工准备

4.1.1.1 组织准备

做好施工组织设计，具体包括：施工许可证等有关手续办理，现场组织机构人员名单，建立健全各项规章制度，有效组织机械设备、周转材料进场，协调周边关系。确保执行施工措施的负责人从作业前便开始遵循和执行这些规定。

4.1.1.2 技术准备

组织工程内业、外业技术人员熟悉施工图、施工规范、质量要求及安全保证措施等；编制好施工方案，做好必要的工料分析，组织图纸会审，将图纸中存在的疑问会同甲方、设计方认真研究解决；完成技术交底记录，进行工程定位、放线、定桩，同时做好技术培训工作。

对于施工面积超过 $300m^2$ 的工程，需要提供施工现场管理计划，具体要求如下：

① 估计施工场地的挖掘位置和程度（包括开挖、回填以及表土和淤泥的存储）；

② 拟定施工场地泥沙控制措施的位置，如排泥渠、泥沙井和泥沙池等；

③ 对开挖量进行准确估计；

④ 制作开挖施工进度表，标明挖开区域的暴露时长。

其他事项：

① 施工前后的场地半米等高线图；

② 水土保持措施所用的植物类型和栽种位置；

③ 施工时间的估计和完工日期；

④ 尘土和噪声的控制方式；

⑤ 详细计划现场管理人员，包括泥沙控制人员。

根据具体工程要求，可能需要提供下列材料：

① 如果开发坡度比超过 1∶4，或者开发地块可能存在地质稳定性问题，则需要提供岩土工程报告（必须由注册岩土工程师撰写），评估开发区域的地质稳定状况。

② 施工图纸应说明如何处理工程带来的雨水径流、地表径流增加和径流污染问题。

③ 若拟在距公共排水管5m之内，或距排水主干道10m之内建造房屋，图纸上必须标明这些排水管或污水管的实测位置和实际埋深。

④ 在公共排水或污水管网上修造建筑物前，还必须提交设计方案和计算方法以供审批。另外，还需提交一份详细的施工计划。

⑤ 如果开发地块位于洪泛区或是洪水风险区（通常为低洼地带），

则需提供一份由注册工程师撰写的洪水风险评估报告，确定 10 年一遇和 100 年一遇的洪水（或涝水）水位。需要保证所有建筑物地面都高于洪水水位。

⑥ 如果开发地块现有的排水管网有限，则需提供雨水集水区细节和工程计算报告，以确保开发后的雨水峰值与开发前相同，并提供排水径流量的控制方案。

⑦ 地块开发引起的雨水径流增加，可能加大下游的风险。建议使用生态景观、可透水路面、雨水箱等环境友好的设计方案来有效减少雨水径流。

⑧ 提供一份详细的现场排水和排污计划，需要清楚地展示建筑物和绿地的位置。

⑨ 如需改建或增建公共设施，则需要申报工程项目。公共设施是指公共管网、道路、路缘水渠、人行道、路灯等。为多个房产服务的雨水池及泵站也属于公共设施。

4.1.1.3 施工现场准备

根据施工现场的具体情况，查看坡向并判定径流可能的走向，经济合理地布置施工现场，搭设各种临时设施，调试安装施工准备，做好开工前准备工作，包括但不限于下列事项：

① 识别自然环境（如道路缘石、雨水渠以及天然水体）；

② 识别潜在的环境风险，明确如何通过场地管理来缓解或减少环境风险；

③ 收集地下管网的资料；

④ 施工污水的处理；

⑤ 施工现场的封闭。

4.1.1.4 施工资源的准备

根据场地的实际情况，制定溢流应急计划，并准备好随时可用的设备，确保所有员工都接受过良好的培训。施工资源准备包括：

① 主要的机械设备；

② 材料准备；

③ 劳动力准备。

4.1.2 施工作业

海绵设施结构的修建应该在汇水区的主要土建工程基本结束和稳定之后进行，以确保海绵设施在正式投入运行前不受施工建设活动的影响。

如果需要在其他工程建设完成前修建海绵设施，那么这些设施需要用土工布覆盖，并直到施工活动完全停止后再种植植被。海绵设施其他施工要求如下：

① 施工过程中，应采用围挡措施，将设施与周边进行隔离，以防止施工过程中被重型机械碾压。

② 安排在干燥天气进行较大规模的土方及类似作业；施工时应确保径流不进入海绵设施，如已有径流通过，后期建设完成后应及时清除沉积物。

③ 开挖时，宜考虑基坑结构保护。

④ 回填时，应避免土层介质过度压实。

⑤ 在使用土工布和衬垫时，应仔细安装，防止损坏，并保证安装时材料边缘有一定的重叠厚度。

⑥ 施工结束后，应检查设施及出入口的标高是否与设计相符。

施工期间，需按施工场地平面规划和场容管理办法进行检查，在搭建临时设施和基础设施的阶段，做好平面指挥协调，保证材料进场和土石方出场有序，使整个施工阶段井井有条。

入场材料必须按平面布置所规定的位置堆放，场内建筑垃圾及时清理外运出场，使施工现场内始终保持砂石成堆，块才成方，板材码放整齐。

图4-1展示了施工期的场景及需注意的要素，随着施工阶段的变化，平面布置应作相应动态调整，以满足施工要求，遵循经济合理的原则。

图4-1　施工期场景示意图

4.1.3 竣工验收

海绵设施交付前必须严格按照相关规范、导则的要求和施工图进行竣工验收，验收合格方能交付使用。施工完成后需要提供竣工图，施工监理需证明施工是按照审批设计来进行的。海绵设施竣工的验收要点：

① 在竣工验收时，对设施布局、规模、竖向、进水口、溢流排水口、地表导流设施、绿化种植、土壤配比等关键环节进行重点验收。

② 有径流量控制要求的海绵设施在验收时，应检查有效蓄水深度及规模。

③ 生物滞留设施和植草沟等具有入渗功能的海绵设施，应检查设施内蓄积雨水入渗时间是否满足设计要求。

④ 对于靠近道路、建筑物基础、其他基础设施，或者因水浸泡可能出现地面不均匀沉降的入渗型海绵设施，需检查防渗措施是否到位。

⑤ 底部进行了防渗处理的海绵设施，需检查是否设置了排水盲管。有雨水入渗要求的海绵设施在验收时，应检测换填土壤的入渗率。

⑥ 以管道等集中入流方式进入的海绵设施，需检查入口处是否采取了散流和消能措施。

4.2 施工建设一般流程

施工建设需要按照施工项目的特点，细分施工涉及的工种，合理选择施工顺序及施工方法。施工建设的常用流程如图 4-2 所示。

4.2.1 场地整理

施工前，首先对施工现场进行清理，去除杂物、障碍物等，搭建围挡，为后续工作做好准备。相关细化要求如下：

① 场地平整需考虑排水坡度，设计无具体要求时，一般应向排水沟方向坡度不小于 2%，按每 20m 的检查点进行逐点检查。

② 对施工区域内及周边的障碍物应做好拆迁处理或防护措施，如建筑物、构筑物、地下管道、电缆、树木等。

图 4-2 施工建设的常用流程图

③ 确保施工场地内机械运行正常、道路和排水沟畅通。道路平面须高于施工场地地面。

4.2.2 测量放线

测量工作应由专业测量人员完成。测量前应研究设计图纸资料，掌握坐标点、高程点分布情况，做好测量内业和仪器校检工作。测量时应首先建立施工场地内坐标、高程控制网，然后进行基础工程放线。放线工作完成后，由技术负责人组织有关人员对主要的中心点按其精度要求进行复核，复核无误后，提供施工现场的放线资料，报甲方及监理方校对，并由监理单位书面下达调整和实施通知书后，方可进行施工作业。

4.2.3 土方工程

土方施工操作要点包括：

① 土方开挖前应绘制土方开挖图，确定开挖路线、顺序、范围、基底标高、边坡坡度、排水沟、集水井位置以及挖出的土方堆放地点等。绘制土方开挖图应尽可能使用机械挖方，减少机械超挖和人工挖方。

② 机械开挖应先深后浅，基底及边坡应预留一层 300～500mm 厚土层，然后人工清底、修坡、找平，以保证基底标高和边坡坡度正确，避免超挖和扰动土层。

③ 施工中应经常观测原挡土墙的情况。如发现原挡土墙有松动、变形、位移等情况，应及时分析原因，采取有效的措施进行处理。

④ 对已挖部分的土体进行监测。为保证基础施工阶段的安全，及时掌握挡土体的变形状况，对挡土体进行监测。在护坡一侧设置平行控制线，用经纬仪准线法，定期进行观测，以确保护坡桩的安全。

⑤ 雨季开挖面积不宜过大，应逐段、逐片、分期完成，注意边坡稳定，加强对边坡、支撑、围堰等措施的检查。

⑥ 为保证土方工程顺利进行，必须搞好坑内排水和地面截水、降水、排洪工作。最简易的截水方法是利用挖出的土沿基坑四周或迎水面筑高 500～800mm 土堤截水，同时将地面水通过场地排水沟排泄。

4.2.4 设施修建

海绵设施建设的一般流程如图 4-3 所示。各类典型设施具体施工工序详见第 5～11 章的分类描述。

图 4-3　海绵设施建设的普适工序图

4.2.5　绿化景观

植被的种植应该符合景观设计要求，景观工程施工的主要步骤和技术要求如下：

① 清理场地：对施工场地内所有垃圾、杂草杂物进行全面清理。

② 场地平整：严格按照设计标准和景观要求，土方回填平整至设计标高，对场地进行翻挖，花草种植土层厚度不小于 300mm，花坛种植土层厚度不小于 400mm，破碎表土整理成符合要求的平面或曲面，按图纸设计要求进行整平，标高应符合设计要求，如有特殊情况应与甲方商定处理。

③ 放线定点：根据设计图比例，将设计图纸中各种树木的位置设计布局，映放到实际场地，保证苗木布局符合实际要求，实际情况与图纸发生冲突时，在征得监理同意的前提下，作适当调整。

④ 挖种植穴和施基肥：花灌木采用条形穴，种植穴应比树木根球直径大 300mm 左右，施基肥按作业指导书进行。

⑤ 苗木规格及运输：选苗时，苗木规格与设计规格不得超过 5%，按设计规格选择苗木。乔木及灌木土球用草绳、蒲团包装，并适当修剪枝叶，防止水分过度蒸发而影响成活率。

⑥ 种植浇灌：按苗木种植指导书种植，无论何种天气、何种苗木，种植后均应浇足量植根水，并喷洒枝叶保湿。

⑦ 施工后的清理：对施工后形成的垃圾及时清除，保证绿地及附近地面清洁，不影响居民生活休闲。

4.3　环保措施

随着社会经济的快速发展，各种建设日益增加，而施工造成的环境影响也不断增多。因此施工现场的环境保护变得十分重要。近年来，如何加强施工现场的环境保护，是衡量工程建设团队管理水平和人员综合素质的一项重要指标。

针对工程施工期间面临的敏感环境问题，要实事求是、科学客观地作出环境影响评价，有针对性地安排具体的环保工作，保证施工期间的环保工作有序、有效地进行，最大限度地减少施工过程对周围环境造成的不利影响。

在工程施工期间，对噪声、振动、废水、废气和固体废弃物进行全面控制，尽量减少这些污染排放所造成的影响。环境保护工作考核的指标是：在工程施工期间，噪声、振动、废水、废气和固体废弃物的影响满足国家和有关地方法规的要求。

本节主要参考国外经验，着重介绍施工期间与径流污染相关的污染源及施工场地废水排放对应的保护措施。具体包括：

① 由于土方开挖引起的施工场地内沉积物的控制措施。

② 施工过程中形成的径流污染控制方法。常见的此类污染源为混凝土及沥青。

③ 雨水篦的保护。

④ 施工场地的废水排放管理。

4.3.1 沉积物控制

施工过程中所产生的黏土、泥土和沙粒等沉积物会对水生环境会造成巨大影响，例如堵塞管道、淤积河道，增加内涝风险；降低水体透明度，影响水体水质和生态环境；甚至导致水生植物、鱼类窒息死亡。

不论场地大小或作业时长，所有可能产生沉积物的工地都需要实施对沉积物的控制措施，消除或最大限度地减少施工沉积物进入自然环境（雨水渠、溪流、海洋或空气）。在施工中应尽量做到如下方面，最大化地控制施工场地的沉积物：

① 如有可能，分阶段进行作业，尽量减少每次作业时裸露的泥土。

② 定时清除作业场地的泥土和淤泥。

③ 尽可能快地使受扰区域恢复正常。

④ 尽可能保护已有的植被，因为草地和灌木等植被可以很好地拦截沉积物。

⑤ 定期清扫尘埃并进行恰当的处理，避免其在空气中扩散或进入水体。

⑥ 利用过滤袋、土工布、淤泥栅栏、过滤网等保护雨水篦。

⑦ 对于大型作业场地或作业区域，特别是靠近河道作业时，在作业区域或贮料堆周围安装淤泥栅栏。

⑧ 如果沉积物控制器材发生磨损、损坏或破裂，应采取维护措施。

4.3.2 混凝土与沥青污染物控制

4.3.2.1 混凝土与沥青污染的危害

固化的混凝土或沥青对环境造成的危害较小，但在被切割或压碎时则可能产生大量污染。当雨水接触到未凝固的混凝土、混凝土粉末、混凝土粉尘或混凝土泥沙时将变成强碱性水。

强碱性水会灼伤甚至杀死所接触到的鱼类、水生昆虫和植物。受污雨水没法通过稀释或过滤达到安全排放的程度，如果任其进入水体，只会进一步扩散污染。

冲洗或切割柏油、沥青的废水含有大量的碳氢化合物（如汽油），对人类和动植物都会造成很大的毒害。和混凝土一样，碳氢化合物很难稀释到安全排放的程度。

4.3.2.2 控制措施

由于混凝土或沥青作业对环境影响风险高，建议使用排水塞将雨水渠完全封堵，并用潜水泵或吸污车将受污径流从雨水篦中移除。如若不然，则须严格地布置沙袋或筑堤隔离雨水篦。除此之外，还需注意：

① 尽量减少在作业场地使用的水量，从而减少需要处理的水量。

② 切割干混凝土或沥青也会产生粉尘，需使用带有真空吸尘器的锯片以最大限度地减少粉尘量。

③ 使用湿／干真空吸尘器（大型作业时使用吸污车）收集作业场地的混凝土或沥青污染物以及被污染的径流，或将所有的径流导流到施工基坑或开放地面，使其远离地表径流。

④ 设备和工具清洗应在指定的冲洗区域进行，这些区域应远离雨水渠、溪流或海岸。

⑤ 在混凝土泵下方布置防水布，并形成斜坡防止其溢流。

4.3.3 雨水篦保护

在许多城市施工场地附近，都有雨水篦排向现有市政雨水系统。作为一种二次控制措施，在污染物进入雨水系统之前，通过拦截和控制受污染的径流或过滤泥水来保护雨水篦，有助于降低施工活动所带来的环境风险。

雨水篦的保护没有固定的解决方案，很多材料和装置都可以采用，常用的雨水篦保护方式有以下类型：

①临时封闭雨水篦；

②使用沙袋、过滤柱等圈围雨水篦；

③采用过滤布（土工布）包裹雨水篦。

在选择用何方式保护雨水篦时，首先要考虑其目标：是施工时完全封闭雨水篦，不让雨水篦过流；还是雨水篦仍然过流，只是过滤和拦截雨水径流的沉积物。然后再根据施工的规模和性质、施工场地情况以及污染物的类型选定最合适的方法。

（1）临时封闭雨水篦

在进行水泥浇筑等潜在高污染施工活动时，需要完全隔离雨水篦，这时可以临时封闭雨水篦。需注意，封闭雨水篦后，雨水将完全无法进入这些雨水篦，可能流入下游的雨水篦，如遇强降雨还可能引发洪灾。因此，封闭雨水篦只是一种短期、临时的解决方案。在封闭雨水篦前须找出通往雨水篦的通路，通常不止一个雨水篦需要保护。施工过程中应及时清除积水并妥善处理。而施工完成后，或者在大雨前应尽快移除控制物。

（2）沙袋、过滤柱圈围雨水篦

①找出通往雨水篦的通路，通常不止一个雨水篦需要保护；

②在雨水篦附近的上坡位置布置沙袋、沙柱或其他控制物，控制物的数量取决于需控制的雨水量和施工场地的坡度；

③确保雨水无法从控制物下面通过，尤其在遇到粗糙的碎石封层道路时；

④紧挨雨水篦四周布置沙柱；

⑤为了保护从路牙进入雨水篦的径流，可在雨水篦入口路牙一侧布置过滤柱。

（3）采用过滤布（土工布）包裹雨水篦

过滤法是最常用的雨水篦保护方法，即过滤和拦截沉积物，只允许雨水通过控制物，如图4-4所示。过滤只适合控制沉积物，因为过滤材料通常无法清除碳氢化合物（燃料和燃油）一类的污染物，也无法中和已经接触到混凝土粉末、尘埃、污水或泥沙的碱性雨水。

①过滤时使用的过滤布必须是土工布，最好是针刺无纺布。土工布允许雨水通过的同时能很好地拦截沉积物。

②在雨水篦开口处布置过滤布，罩住后部入口，铺至人行道。

③可以在格栅和后部入口周围重叠布置足够的过滤布。

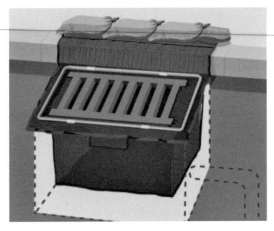

图 4-4   过滤布保护雨水篦示意图

④ 将格栅放回原位，小心地放入键槽。

⑤ 在过滤布的边缘布置过滤柱，将过滤布固定在适当的位置，避免过滤布折叠，同时也加强过滤作用。

⑥ 安全要求：例如施工场地的人力配置、自行车和人流量、车流量、限速等。使用屏障和路锥确保施工场地附近的公共安全，如图 4-5 所示。

⑦ 维护要求。有些保护雨水篦的控制物可能会快速封闭或阻塞集水坑，因而需要定期维护。

4.3.4   施工场地的废水排放管理

良好的排水管理有助于减少沉积物，避免下游地区（如马路道牙、雨水集水坑、地下水以及天然水体）的水质恶化。主要措施包括：

① 在作业场地附近的上坡位置布置导流措施（如土堤、沙袋等），用以导流场地周围干净的雨水，减少需要处理的施工场地雨水径流。

② 使用水泵排水时，可通过浮板支撑抽水管，从水面开始排水，避免抽出底部沉积物。

③ 排水后须清除作业场地上遗留的泥浆和过量淤泥，将其移除至隔

图 4-5   屏障和路锥维护施工场地公共安全示意图

离区域（如淤泥栅栏内）。

4.3.4.1　排水量小的情况

排水量不大的情况下，可将泥水直接排放到远离水体的草地或被植被覆盖的区域。

① 抽水时使用土工布或过滤袋作为过滤器，减少需要处理的沉积物。

② 确保水流量不超过地面的渗水能力，即不会导致积水或径流的产生。

③ 每天收工时，应清除所有累积的沉积物。

4.3.4.2　排水量大的情况

在遇到水量大或者由于场地限制或水质等原因不能选择上述排水措施的情况时，可将泥水排放到便携式容器中，或者使用吸污车。

① 便携式容器装满后，可先放置一段时间让污水沉淀，然后再将水抽出，排放到草地、植被覆盖区域或有二次控制措施的雨水系统；也可将容器运离作业场地，然后再进行适当的处置。

② 从容器中抽水时，应从水面开始，确保已经沉淀到容器底部的沉积物不被搅动。

③ 如果场地面积比较大，作业时间比较长，排水量比较大，应使用特殊设计的沉淀物脱水装置。

4.4　设施维护

海绵设施在竣工验收合格后，方可交付使用。海绵设施的管理部门需对设施做好后期维护，确保设施功能正常发挥其功能。

4.4.1　维护管理制度

建立海绵设施的维护管理制度和操作规程，落实设施的维护管理主体及经费来源，明确维护管理质量要求，并加强对管理人员和操作人员的专业技术培训。

公共项目的海绵设施宜由城市道路、排水、园林等相关部门按照职责分工负责维护监管。其他海绵设施宜由该设施的所有者或其委托方负责维护管理，项目所有权发生变更时，维护管理职责随项目同时转移。维护管理质量应满足项目的设计控制目标，并受政府部门监管。

对于住宅小区等用地内部的海绵设施，维护与运营资金宜由开发商或物业公司提供。对于公共项目的海绵设施，维护与运营资金来源主要为相关缴费收入和财政补贴。

加强宣传教育和引导,提高公众对海绵城市建设、绿色建筑、城市节水、水生态修复、内涝防治等工作中雨水控制与利用的认识,鼓励公众参与。

4.4.2　维护管理流程

海绵设施的维护应采用日常巡检和专项巡检相结合的模式。日常巡查频率遵循原有巡查的相关规定;专项巡查频率建议最低为一年两次,分别为每年雨季来临前和雨季后期;应制定各项设施运行维护要点,对海绵设施进行集中专项巡查,以保证设施正常、安全运行。

海绵设施的维护管理应建立、健全维护管理制度和操作规程,所有的维护工作应作维护管理记录。

维护管理的基本流程如图 4-6 所示。

4.4.3　常用维护措施

一般情况下,海绵设施比传统雨水设施的维护费用低,但是维护的技术要求比较高。因此培养一支专业的海绵设施维护团队对于海绵设施

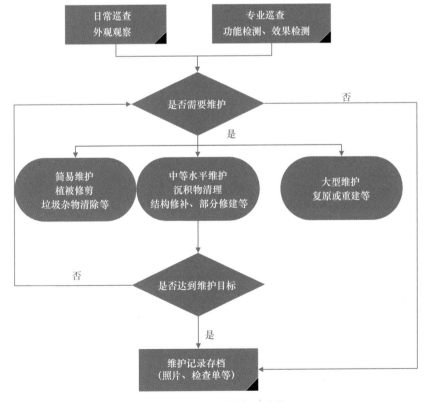

图 4-6　海绵设施维护管理工作流程

能否高效运作至关重要。大多数海绵设施扮演着景观绿化和排水系统的双重角色，这些设施需要长期的维护保养，主要措施包括：

① 海绵设施的辅助组件（阀门、泵、栅栏等）应始终保持可运作的状态。应根据厂商的建议进行组件定期检查，以确认部件功能的完整性。

② 每年定期添加天然树皮作为土壤覆盖层，抑制杂草生长和保持水分。

③ 每隔几年检查土壤覆盖层的厚度，如过厚则需移除多余覆盖材料。

④ 根据不同的设施要求，按需要定期修剪植被，除杂草。

⑤ 注意观察海绵设施的植被，如生长不良则需移除。有时可能需要修剪，疏伐或更换设施上的植物。

⑥ 强径流可能造成设施土层的侵蚀，需要及时对侵蚀的地方进行维护，并且防止类似情况的再次发生。

⑦ 定期清理海绵设施上累积的垃圾和碎屑，检查溢流装置是否阻塞。

4.5　观测与评估

在海绵设施管理过程中，"观测"能让我们跟踪"海绵改造"后项目区域水文、水环境、生态等方面的指标变化。观测不仅包括按照具体的设施维护手册定期观察设施植物生长、检查进水口、溢流口是否堵塞或淤积等简单快速了解设施运行效率的观察方法，也涵盖根据设施结构在关键位置布设监测点，监测设施的运行数据，从而进一步调整优化海绵设施的设计、施工、维护实践。

针对不同海绵设施应制定不同的观测与评估办法。一般情况下，应覆盖汇水区和设施两个层面。

4.5.1　汇水区观测与评估

海绵城市建设是一个动态建设过程，为充分了解本地城市水文、径流水质情况，汇水区水文参数有助于评估海绵设施的性能表现。另外，实地监测相对于实验室检测更重要，因为它更能反映出海绵设施的实际应用效果。汇水区观测与评估的主要参数包括水力连通性、径流量、污染负荷和水质❶。

---

❶ 水质指标包括总悬浮物浓度（TSS）、酸碱度（pH）、溶解氧（DO）、大肠杆菌、总氮（TN）、总磷（TP）、重金属含量（如总锌量、总铜量）。

4.5.2 海绵设施观测与评估

观察海绵设施的使用情况，监测入流和出流的水量及水质。

海绵设施的性能评估宜基于至少 10 场以上有代表性的暴雨中所提取的雨水样品。在这 10 场以上的记录降雨中，至少应有一场超过 20mm 雨量的降雨。用于取样的两场暴雨间至少应有 3 天及以上的干燥天气。

样品的收集和处理应按照监测计划中规定的程序来进行，应选用专业的实验室来分析样品。监测必须在实地而不是实验室进行。根据雨水处理设施的不同，监测系统或装置可能需要在实地安装运行 6 个月以上。

第2篇　典型设施

海绵设施是一种从源头管理雨水问题的工程措施，通过分散、小规模的控制机制和设计技术，在源头发挥"渗、滞、蓄、净、用、排"的作用，以控制降雨径流及其所携带的面源污染，缓解城市建设对自然水文状态的影响。

本篇选取了植草沟、生物滞留设施、下渗设施、雨水塘、人工湿地、雨水箱、绿色屋顶等7类海绵城市典型设施进行详细阐述，包括设施类型、使用条件、计算方法、施工、运行、维护等环节。

典型海绵城市设施从设计到施工都有别于传统的做法，特点是非常精细化。以生物滞留设施和雨水塘为例，其海绵功能的实现，设计中需要考虑的要素多达十几种，如设施布局、出入口设计，再到各土壤层的配比。本篇的设计要点对此一一进行了详细讲解。当前我国海绵城市推进过程中设施的精细化设计仍为薄弱，本篇特别在每一种设施的相关内容中附上了计算方法实例，便于大家迅速掌握要领和方法，以作参考。

5 植草沟

　　植草沟利用植被收集和传输降雨产生的地表径流，由于流速缓慢、水深较浅，从而实现对径流污染的处理。污染物在流经植被的过程中将被过滤、下渗、吸附和生物吸收。同时，植被也降低了径流流速，径流中的悬浮微粒会自然沉降。设计与维护良好的植草沟不仅具有雨洪管理功能，还可以兼具好的景观效果（图 5-1）。

　　污染物的去除效果取决于径流在植草沟的水力停留时间以及径流水深。地表径流与植被、土壤的接触面积越大，越有利于污染物的收集、转化、截留。因而，植草沟的断面尽可能采用浅、宽的形式，增大径流与植被的接触面积，加强污染物去除效率。

　　植草沟通过各种物理、化学和生物作用去除雨水径流中的污染物，具体如下：

　　（1）物理作用

　　①通过植被降低径流流速，促进径流中的悬浮物沉淀；

　　②植被过滤；

　　③粗糙的土壤/植被表面有助于沉淀物的滞留；

　　④土壤下渗作用是污染物去除的主要方式，同时还可减少径流量。

　　（2）化学作用

　　①植草沟中大量的有机物接触将会对雨水径流污染物产生吸附作用；

　　②部分可溶污染物可转化为不溶性物质而沉积。

图 5-1　设计和维护良好的植草沟示例

（图片来源：https://commons.wikimedia.org/wiki/FileP: Planted_brick_swale,_balfour_street_pocket_park.JPG）

（3）生物作用

① 微生物降解径流中的有机污染物；

② 植被根系吸收径流中的氮、磷营养物质和污染物。

Khan 等人[1]1992 年的研究成果表明，6hm^2 汇水区的雨水径流通过 60m 长的植草沟处理后，6 场降雨悬浮物（SS）平均去除率为 83%。同时，60m 长的植草沟对附着在径流悬浮颗粒上的重金属，如铅、锌、铁和铝的去除率介于 63% ～ 72% 之间，可溶性金属和不易附着在悬浮颗粒上重金属（如铜）的去除率相对低一些。Barrett 等人[2]1998 年在美国德克萨斯州的研究表明，多场降雨径流水质监测中植草沟的平均 SS 去除率为 86%；Yousef 等人[3]2001 年的研究记录表明，植草沟的平均 TSS 去除率为 94%。Wong 等人[4]的研究成果表明，植草沟的径流 SS 去除率介于 25% ～ 80% 之间，取决于 SS 的粒径。

悬浮物总量（TSS）的去除率随着径流污染负荷增加而降低。大的悬浮颗粒很快即可沉淀下来，而细小的颗粒仍然处于悬浮状态。Fletcher[5]2002 年的研究成果表明，植草沟的长度在很大程度上影响 TSS 的去除效率，尤其对径流中细小悬浮颗粒物的效果更加明显。若要去除细小悬浮颗粒物，但又没有足够长度的植草沟时，则需结合其他海绵设施组合使用。

植草沟的水力停留时间取决于：

① 地表径流量；

② 地表径流流入植草沟的流速（流速由径流与地表的接触面积、地表坡度和糙率共同决定）。

植草沟的性能取决于一系列的几何、水文和水力要素，包括：

① 植草沟的宽度和长度；

② 径流水深；

③ 地表径流的峰值流量和峰值流速；

---

[1] Khan Z. et al.. Biofiltration Swale Perfomance: Recommendations and Design Consideration[R]. Seattle Metro and Washington Ecology, Publication No. 657, Washington Dept. of Ecology, 1992.

[2] Barrett et al.. Performance of Vegetative Controls for Treating Highway Runoff [J]. Journal of Environmental Engineering, 124(11), pp 1121-1128, 1998.

[3] Yousef et.al.. Removal of Contaminants in Highway Runoff Flowing Through Swales[J]. The Science of the Total Environment, 59, pp 391-399, 1987.

[4] WongT.H.F.. Swale Drains and Buffer Strips. Chapter 6 in Planning and Design of stormwater Management Measures, Monash University Victoria Australia, Undated, 1987.

[5] Fletcher, T.D.. Vegetated Swales – simple, but are they effective? Department of Civil Engineering, Monash University, Victoria Australia and CRC for Catchment Hydrology, 2002.

④ 草沟的坡度；

⑤ 植被参数，包括密度和高度。

理论上，通过以上要素的设计可以使水力停留时间和接触面积最大化，以达到预期性能。如果设计区域内没有足够的空间，可以利用小规模植草沟进行导流，同时与其他海绵设施组合应用，以达到处理目标。

5.1　设施类型

植草沟可以根据其形态分为干式植草沟、湿式植草沟和生态滞留植草沟三种类型。

5.1.1　干式植草沟

干式植草沟（图5-2）是应用最为广泛的植草沟种类，干式植草沟适用于建筑与小区内道路、广场和停车场等不透水面的周边，或作为其他海绵设施的导流引流设施。干式植草沟具有传输、导流和渗透功能，经常与雨水管渠和其他设施衔接，在竖向允许且不影响安全的情况下可以替代雨水管渠。干式植草沟具有以下特点：

① 干燥季节不积水；

② 植草沟宽度不宜过大，断面宜采用梯形、抛物线形等，底部垫层可根据实际需求进行设计；

图5-2　干式植草沟

③边坡不宜大于 1∶3，纵坡不宜大于 4%；

④植草沟内部植被高度一般不超过 200mm。

5.1.2　湿式植草沟

湿式植草沟（图 5-3）是普通干式植草沟的演变，适用于纵坡坡度较小、地下水位较高或由于饱和的土壤含水条件形成连续基流的地块径流处理。如果湿式植草沟中的土壤处于饱和含水量时间超过两周，则会影响植被的正常存活。

湿式植草沟的几何形状与普通干式植草沟相似，但有以下不同：

①湿式植草沟的最大底宽可以达到 7m，但必须满足长宽比为 5∶1；

②若湿式植草沟的纵坡坡度大于 5%，则需要对湿式植草沟设置分段跌水，保证每段内的纵坡坡度小于 5%；

③需设置大于水质保护指标对应降雨的超标准降雨径流通道，保护湿式植草沟植被不被暴雨径流冲刷破坏；

④相比普通干式植草沟，湿式植草沟的径流更为持久，类似于小溪中的径流。湿式植草沟的植被通常不太密集，需要增加湿式植草沟的面积以达到等效污染物去除目标。

5.1.3　生态滞留植草沟

生态滞留植草沟将特定的植物和土壤介质与传统的植草沟设计相结合，具有雨水转输、处理和滞留功能。生态滞留植草沟中的"植草沟"具有雨水预处理功能，可以过滤较大和中等颗粒的沉积物，而"生态滞留"

图 5-3　湿式植草沟

（图片来源：https://ministryofthefence.me/2014/10/25/hunting-swales/）

的功能是滤除细小的颗粒物及其相关污染物。

生态滞留植草沟可以滞留高频率降雨所产生的雨水径流，去除径流中的一部分营养物。生态滞留区可以沿植草沟长度的方向布设，或设在靠近植草沟径流外排出口处。

设计生态滞留植草沟时，"生态滞留区"和"植草沟"都需要进行单独计算，以确保每部分都能满足相应的设计标准。

建议在生态滞留植草沟入口处设计一个雨水均布装置，例如在植草沟底部设计挡水低堰或者消能池，保证进入其中的雨水径流均匀分布在整个过滤介质表面，以实现最优的污染物去除性能。

当生态滞留区的长度和植草沟的长度一致时，为了确保雨水有足够的时间渗入生态滞留土层里，最大的纵坡坡度不能超过 4%。当纵坡大于 4% 时，可沿着植草沟方向分段安装挡水堰，确保每段植草沟纵坡坡度不大于 4%。

当生态滞留区位于植草沟的最下游时，这部分植草沟的坡度应该在 1% ~ 4% 之间，如果大于 4%，必须采用挡水堰以防止雨水冲刷侵蚀生态滞留植草沟。生态滞留植草沟需设置溢流井，植草沟内的积水高到一定程度将通过溢流井进入市政雨水管道中。最理想的生态滞留区域的坡度应是水平的，这有利于雨水径流均匀分布在生态滞留的介质表面，确保径流在溢流进入市政管道前进行水质处理。同时，具有纵坡的植草沟将降低局部积水可能性。

当生态滞留植草沟布置于开放的公共区域时，需检查横桥及人行道处是否满足以下的公众安全标准：

① 行人密度低、公共安全低风险区域的水流深度 × 流速 < 0.6 m²/s；

② 行人密度高、公共安全高风险区域的水流深度 × 流速 < 0.4 m²/s；

③ 横桥处最大水深不大于 0.3m。

图 5-4 展示了典型生态滞留植草沟的设计细节，表 5-1 列出了生态滞留植草沟的主要设计参数。

生态滞留植草沟设计参数 表 5-1

最大底宽	2m
最大边坡	1:3
最小深度	600mm 过滤介质＋排水层＋储水层
纵坡坡度	1% ~ 4%
径流类型	地面径流
应用场所	道路和停车场

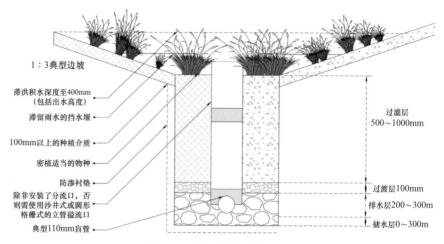

1：3典型边坡

滞洪积水深度至400mm
（包括出水高度）

滞留雨水的挡水堰

100mm以上的种植介质

密植适当的物种

防渗衬垫

除非安装了分流口，否
则需使用沙井式或圆形
格栅式的立管溢流口

典型110mm盲管

过滤层
500～1000mm

过渡层100mm

排水层200～300m

储水层0～300m

图5-4　典型生态滞留植草沟细节

5.2　适用性

植草沟可应用于各种用地类型，包括住宅区、商业区和工业区等。通常，植草沟位于建筑物、道路、停车场等不透水地表的边缘，替代排水边沟。植草沟设计时需结合场地排水、道路排水和其他相关排水规划设计的要求。由于植草沟处理流速低、流量不大的雨水径流效果较好，因而需要限制汇入植草沟汇水区面积和径流量。在新西兰奥克兰市，植草沟的汇水面积通常不宜大于 $4hm^2$。

与传统混凝土排水沟渠相比，植草沟中浓密的植被有助于降低径流流速，防止大暴雨时发生侵蚀。植草沟可以作为雨水处理链的前期环节，处理道路、公路、停车场、不透水硬地密集区域的雨水径流污染。这些区域的雨水径流往往含有较多碳氢化合物和 TSS，因此污染物的前期处理十分必要。

植草沟作为地表径流雨水的收集、导流和预处理为主的海绵设施，宜与其他设施嵌套进行组合设计。通过严格计算和控制径流峰值流量，场地竖向允许且不影响安全的情况下可代替雨水管渠。但在容易坍塌、自重湿陷性黄土、高含盐等特殊地质区域不宜采用。

5.3　计算方法

植草沟的计算方法主要借鉴了新西兰奥克兰市的工程经验，其中采用的降雨数据如 24h 设计雨型、雨量等均以奥克兰地区为例，读者可根据场地所在城市区域采用适宜本地的降雨数据。

（1）计算水质保护容积降雨量对应的径流量

根据当地水质保护容积对应的降雨量分别计算透水区域、不透水区域的径流量。借鉴新西兰工程经验，植草沟适用于处理集流时间（t_c）10min 以内的小汇水区。

计算步骤：

① 确定水质保护指标对应的是设计降雨量（P_{24}），数值上等于当地 90% ~ 95% 的场次降雨量。

② 计算水质保护容积降雨峰值强度：

$$I_{24max} = A \times P_{24} / 24（单位：mm / hr）\qquad （5-1）$$

其中 A 为本地降雨峰值强度 I_{max} 与 24h 设计降雨平均强度 I_{24} 的比值，即 $A = I_{max} / I_{24}$。此处以奥克兰地区为例，设计雨型如图 5-5 所示，分配比例如表 5-2 所示，查询可知 $A = 16.2$。

③ 计算透水面积的土壤储水量：

$$S = 25.4（1000 / CN - 10）（单位：mm）\qquad （5-2）$$

其中，CN 为加权径流曲线参数，其值介于 0 ~ 100 之间，0 代表降雨没有径流产生，100 代表降雨无扣损全部转化为径流。CN 值由土壤和下垫面特性决定，详细内容参见本书附录"美国土壤保持局（U.S. SCS）径流曲线参数及径流量计算"。

④ 计算透水面积峰值径流量，降雨初始扣损 $I_a = 5$mm：

$$\frac{径流量}{降雨量} = \frac{（P_{24} - 2I_a）（P_{24} - 2I_a + 4S）}{（P_{24} - 2I_a + 2S）^2}\qquad （5-3）$$

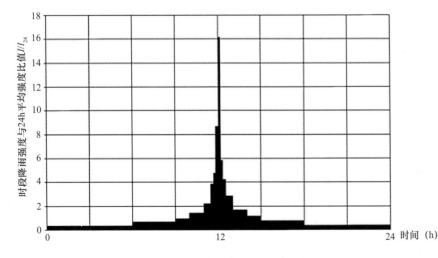

图 5-5　奥克兰地区 24h 设计雨型

奥克兰地区 24h 设计雨型的时段分配比例　　　　表 5-2

时间 （hrs：mins）	时间间隔 （min）	时段降雨强度 与 24h 平均强 度比值，即 I/I_{24}	时间 （hrs：mins）	时间间隔 （min）	时段降雨强度 与 24h 平均强 度比值，即 I/I_{24}
0：00 –	360	0.34	12：00 –	10	16.20
6：00 –	180	0.74	12：10 –	10	5.90
9：00 –	60	0.96	12：20 –	10	4.20
10：00 –	60	1.40	12：30 –	30	2.90
11：00 –	30	2.20	13：00 –	60	1.70
11：30 –	10	3.8	14：00 –	60	1.20
11：40 –	10	4.80	15：00 –	180	0.75
11：50 –	10	8.70	18：00 ～ 24：00	360	0.40

$$峰值径流量 = I_{24max} \times 透水面积 \times \frac{径流量}{降雨量}（单位：m^3/s）（5-4）$$

⑤ 重复步骤③和④，计算不透水面积峰值径流量，使用 $CN = 98$（$S = 5.2\,mm$）和 $I_a = 0$。

⑥ 将上述透水面积和不透水面积的峰值径流量相加，得出汇水区总峰值径流量。

⑦ 考虑 10min 集流时间的入流坦化情况，借鉴奥克兰经验，将步骤⑥中的总峰值径流量乘以折减系数 0.89 作为植草沟入口的设计流量。

（2）选择植被类型和植草沟设计流量下的径流深度

（3）确定曼宁系数 n 值

下列曼宁公式 n 取值来自 2003 年奥克兰植草沟研究项目。

150mm 高的草以及 $d < 60$mm，$n = 0.153 d^{-0.33}/（0.75 + 25s）$

$$d > 60mm，n = 0.013 d^{-1.2}/（0.75 + 25s）$$

50mm 高的草以及 $d < 75$mm，$n = （0.54 - 228 d^{2.5}）/（0.75 + 25s）$

$$d > 75mm，n = 0.009 d^{-1.2}/（0.75 + 25s）$$

其中，d：水质保护容积降雨下的水流深度（m），即植被淹没高度；

s：纵坡坡度，垂直高度 / 水平距离（m/m）。

（4）确定植草沟形状（梯形或抛物线）

具体如图 5-6、图 5-7 所示。

（5）计算植草沟的大概宽度

利用曼宁公式和选择的断面近似水力半径和尺寸，计算植草沟的大概宽度。

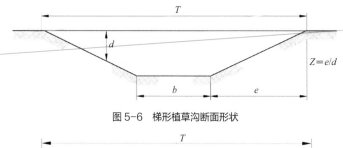

图5-6　梯形植草沟断面形状

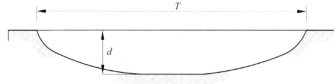

图5-7　抛物线形植草沟断面形状

① 梯形：横截面积（A）$= bd + Zd^2$ 　　　　　　　　（5-5）

　　顶宽 T（W）$= b + 2dZ$ 　　　　　　　　　　　（5-6）

　　水力半径（R）$= (bd + Zd^2) / (b + 2d(Z^2 + 1)^{1/2})$ （5-7）

② 抛物线形：横截面积（A）$= 2Td/3$ 　　　　　　　（5-8）

　　　　顶宽 T（W）$= 1.5A/d$ 　　　　　　　　　　（5-9）

　　　　水力半径（R）$= T^2d/(1.5T^2 + 4d^2)$ 　　（5-10）

③ 矩形：横截面积（A）$= Td$ 　　　　　　　　　　（5-11）

　　顶宽 T（W）$= T$ 　　　　　　　　　　　　　（5-12）

　　水力半径（R）$= Td/(T + 2d)$ 　　　　　　　（5-13）

由曼宁公式：$V = R^{2/3}S^{1/2}/n$ 得出设计径流量 Q 的计算公式为：

$$Q = AR^{2/3}S^{1/2}/n \qquad\qquad （5-14）$$

其中，Q：设计径流量（m^3/s）；

　　　V：设计流速（m/s）；

　　　n：曼宁系数（无量纲）；

　　　S：纵坡坡度，垂直高度／水平距离（无量纲，m/m）；

　　　A：横截面积（m^2）；

　　　R：水力半径（m）；

　　　T：梯形或抛物线形断面的顶宽，或矩形宽度（m）；

　　　d：水质保护容积降雨下的径流深度（m）；

　　　b：梯形断面的底宽（m）；

　　　Z：边坡，水平距离／垂直高度（无量纲，m/m）。

如果将水力半径及面积的方程代入式（5-14）中求解 T，较为复杂。

考虑到 $T \gg d$ 和 $Z^2 \gg 1$ 可采用近似解。矩形和梯形的近似解为：

$R_{矩形} = d$；$R_{梯形} = d$；$R_{抛物线形} = 2d/3$；$R_{圆形} = 0.5d$。

如计算梯形植草沟时，将 $R_{梯形}$ 和 $A_{梯形} = bd + Zd^2$ 代入式（5-14），计算底宽 $b = (Qn/d^{5/3}S^{1/2}) - Zd$，选择边坡 Z 至少为 3，再计算 b 和顶宽 $T = b + 2dZ$。

如计算抛物线形植草沟时，将 $R_{抛物线形}$ 和 $A_{抛物线形} = 2Td/3$ 代入式（5-14），计算顶宽：$T = Qn/((2/3)^{5/3}d^{5/3}S^{1/2})$。

（6）计算横截面积 A

$$A_{梯形} = bd + Zd^2 \qquad (5-15)$$

$$A_{抛物线形} = 2Td/3 \qquad (5-16)$$

$$A_{矩形} = Td \qquad (5-17)$$

（7）计算设计流量下的流速 $V = Q/A$

流速过大会减低植被的过滤能力和水质处理效率，此处建议植草沟流速计算结果需满足 $V \leqslant 0.8$ m/s，如不满足，需重复步骤（1）～（6），直到满足流速条件。植草沟的水力停留时间至少为 9min，如果在设计时为降低流速而需要更长的植草沟，当没有足够的空间时，可考虑减少进入植草沟的径流量（与其他海绵设施组合），或增加 d 和 T。

（8）计算植草沟长度（L，单位：m）

$$L = Vt \qquad (5-18)$$

其中，t = 水力停留时间（min），在计算中建议 t 取 9min。建议设计的植草沟尽量满足最小长度（30m）要求。

（9）现场没有足够的空间设置植草沟时应考虑的解决方案

①将汇水区径流引入多个植草沟；

②增加设计水流深度；

③减少开发面积，获得更多空间；

④增加纵坡坡度；

⑤和其他海绵设施组合使用。

（10）计算复核

虽然植草沟主要用于实现水质保护指标，但仍需校核更大降雨条件下的过流能力。建议利用当地 10 年一遇 24h 暴雨进行过流能力校核计算。计算过程和上述计算步骤相同。借鉴奥克兰经验，10 年一遇 24h 设计暴雨下植草沟的设计流速应小于 1.5 m/s；如果防侵蚀措施较好，设计流速可相应提高一些。

5.4 设计要点

植草沟在设计时关注的要点主要包括：水质处理性能、径流组织、植被选择等。

5.4.1 水质处理性能

影响植草沟水质处理性能的因素包括：

① 植草沟纵坡：较小的纵坡坡度会提升水质处理性能，纵坡过陡的植草沟难以保证径流停留时间，将会降低水质处理性能。

② 土壤及盲管：在植草沟中使用渗透性较好的配置土壤或者底部布置盲管排水将会提高水质处理性能。如果植草沟土壤被重型物（如汽车等）压实、破坏，则将直接影响水质处理性能。

③ 植被：浓密的植被会提高水质处理性能。

④ 植草沟长度：植草沟长度过短会影响径流处理性能，较长的植草沟提供了较长的处理路径。

⑤ 组合设计：植草沟作为预处理设施或者导流设施，可与其他海绵设施结合使用。

⑥ 使用挡水堰：在植草沟中使用挡水堰能增加径流水力停留时间，提高水质处理性能，尤其是具有较大纵坡的植草沟。

⑦ 径流流速：如果超过处理能力的暴雨径流汇入植草沟，径流流速超过植草沟计算负荷时，会大幅度降低植草沟水质处理性能。

⑧ 水力条件：保持适当的水力条件，避免在植草沟中形成不均匀、渠化的径流。这种不均匀径流会绕过植被，导致水力停留时间缩短，降低植草沟去除污染物的能力。

5.4.2 径流组织

场地开发后的排水路径应尽量遵循开发前的自然汇流特征，在排水方案设计中，应根据地形特征将植草沟设置在汇流路径上。

在植草沟的径流入口设置消能设施，降低入流的流速，减少侵蚀。消能设施可使用堆石和水平导流设施。当进入植草沟的雨水中含有大量泥沙时，需在径流进入植草沟之前进行沉淀等预处理。

入流点位置会对植草沟性能产生较大影响。从植草沟纵坡方向侧面沿程汇入的地面径流，由于水力停留时间各异，植草沟难以满足所有沿

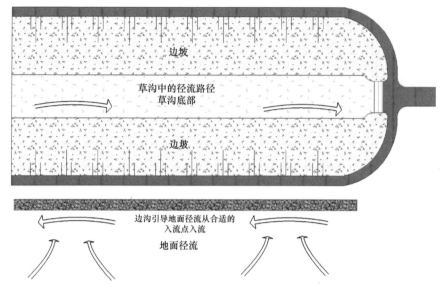

图 5-8　植草沟地面径流引导入流示意图

程入流的水质处理需求。为提高水质处理效率，地面径流必须加以引导，从合适的入流点汇入植草沟，以此来保证足够的径流水力停留时间，如图 5-8 所示。

植草沟的出流宜采用漫流形式，或直接导流进入排水系统。植草沟必须设置溢流井以排走超过水质保护容积降雨的径流。为防止植草沟本身被侵蚀，还需要考虑超标准降雨事件下的泄流路径。植草沟中径流流速越大，其水质处理的效果就越差，植草沟受到的冲刷破坏也越严重。为保证水质处理效果和植草沟本身不受冲刷破坏，需要将超标准降雨产生的径流导流绕道植草沟。实际情况中，大雨产生的径流会直接冲刷破坏植草沟，这时考虑防止侵蚀比水质处理更为重要，务必考虑植草沟的雨水径流峰值流速，防止植草沟中已经沉淀的颗粒物再次冲刷扬起、悬浮。

5.4.3　主要设计参数

纵坡小于 2% 的植草沟，建议在植草沟底安装多孔排水盲管，便于植草沟排水；纵坡大于 5% 的植草沟，需设置挡水堰来降低径流流速，保障每段内的纵坡在 5% 以内。下游的挡水堰顶高度与上游的挡水堰底高度相同。

纵坡大于 5% 的植草沟必须每隔 15m 设置水平导流设施，以确保径流铺展于整个植草沟底部，水平导流设施需满足挡水堰的要求。带有挡

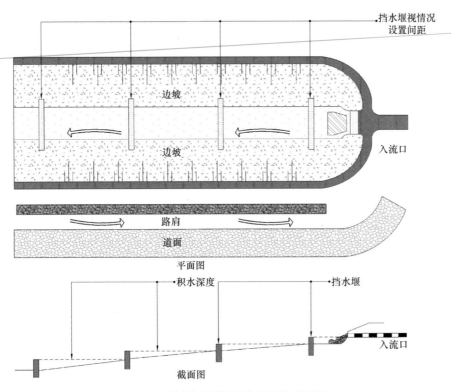

图 5-9 带有挡水堰的植草沟平面图与截面图

水堰的植草沟细节如图 5-9 所示。

当植草沟中设计有挡水堰和水平导流设施以提高水质处理性能时，必须考虑其对行人或割草机的潜在影响。植草沟应禁止停车，并采用开槽路缘石等措施将植草沟与周边道路分隔。

为了保证植草沟中径流均匀分布，避免发生集中流或渠化流现象，植草沟或过滤带的底部必须平坦，不宜设置横向斜坡。如果考虑后期植草沟植被修剪，植草沟底部宽度应不小于 600mm，为防止形成集中径流，底部宽度不得大于 2m。

通常为防止短流产生，植草沟的长度应大于 30m。植草沟长度取决于进入的径流量和最少水力停留时间（约 9min）。

植草沟重要参数设计，建议参考表 5-3。

植草沟设计参数参考	表 5-3
设计参数	植草沟
适宜的纵坡坡度	1%～5%
最大流速	0.8m/s（水质保护指标对应的降雨量条件下）
最大水深（水质保护指标对应的降雨量条件下）	100mm

续表

设计参数	植草沟
最大底宽	2m
最小水力停留时间	9 min
最大汇水区面积	4 hm²
最小长度	30 m
最大边坡	长：高＝3：1 （边坡尽可能小一些以便割草）
最大横向坡度	0%

5.4.4 植物种植

植草沟的植被应当根据植草沟类型以及景观要求进行选择。浓密和生长良好的植被能降低径流速度，提高植草沟水质处理性能。

理想的植被应当是致密均匀的细茎植物，能适应当地的气候土壤土质，克服虫害等不良条件，可承受周期性淹没，包括夏季短期全部浸没、持续性润湿和冬季长期覆雪。通常来说，植草沟需要保证浓密的植被，在无维护或低维护的情况下保持 100 ～ 200mm 左右高度。

5.5 施工

5.5.1 要点

植草沟施工前需要进行设计核查。利用立桩标识出植草沟或挡水堰的位置，以便根据设计图纸核对植草沟尺寸、形状和坡度。

在建设时需要注意工序，将植草沟的建设放在土壤受到影响最小的工序中。确保植被可以最大限度地覆盖植草沟。如果在植草沟施工的同时，其汇水区场地也正在施工，则必须对植草沟采取保护措施，防止工地建设中泥沙含量较大的雨水径流流入植草沟，或在场地施工结束后对植草沟进行修复。

植草沟施工时必须注意以下有关施工事项：

① 确保植草沟底部横向完全水平，避免形成渠化流。

② 确保入口、出口和其他辅助结构（如挡水堰、泄流通道等）均按相关规范要求施工。

③ 确保植被符合种植规范。植被应均匀致密，以保证良好过滤效果和提供侵蚀防护。植被可通过播种草籽或直接使用草皮来形成。通常首

选播种草籽，因为其成本较低，而且在选择草种时有更大的灵活度。稳固植被的方法应在施工前进行讨论并确定。

④ 植草沟不应全天候完全处于建筑物或树木的阴影中，应有一定的日照时间，以利于植物生长。

⑤ 确保场地施工时，雨水径流不进入植草沟或挡水堰。如已有径流流入，在场地建设完成后，需清除沉积物并重新修缮植草沟植被。

⑥ 确保在植被铺设初期，疏导场地径流的措施落实到位。如果无法疏导场地雨水，需设置足够的防侵蚀措施。

⑦ 核查衬垫、排水管、堆石护坡以及挡水堰间距，确保符合设计要求。

⑧ 核查水平导流设施完全水平，并在运行时稳定均匀分布径流。

⑨ 检查预处理设备（若有）安装是否符合要求。

⑩ 确保分段式路缘进水入口的安装和位置符合设计要求。

5.5.2 竣工验收

在植草沟竣工验收阶段，需核查是否按照设计图纸进行施工，主要包含以下主要内容：

① 植草沟尺寸是否符合设计要求；

② 挡水堰和水平导流设施是否按图纸安装，是否符合高程和水平要求；

③ 入流口和出流口的构造是否正确；

④ 植草沟底部横向坡度是否完全水平；

⑤ 纵坡坡度是否在设计允许范围内；

⑥ 分流通道是否安装正确；

⑦ 分段式路缘进水是否安装正确；

⑧ 植被是否符合种植规范，是否均匀致密；

⑨ 表土的成分和敷设是否适量恰当。

5.6 运行和维护

植被的物理过滤是植草沟去除污染物的一个重要机理，雨水径流入渗作用是另一个去除污染物的过程。过量的泥沙会破坏植被，这是植草沟受损的主要因素。同时，随着雨水径流汇入植草沟的残余燃油和油脂物质也会影响植被生长。这些污染物如果在短时间内随着径流大量汇入植草沟，将会对植草沟植被的生长造成严重的影响，甚至引起植被死亡。

由于植草沟的水质处理效果取决于植被过滤和下渗，其维护的重点为：

（1）使径流均匀分散地流过植草沟

保持径流分散通过植草沟是发挥其水质处理效用的关键。集中径流比分散径流具有更快的流速，会携带更多的污染物直接流出植草沟。

（2）维持厚实浓密的植被

维持茂密的植被可增强植草沟或过滤带的水质处理性能，需要维护方定期割草。割草方法和周期应科学化。植被草割得太短会损坏草地，增加径流流速，降低污染物去除效率；但植被草长得过高，在暴雨期间会被冲倒，也降低了水质处理效果；如果在土壤水分饱和时割草，有可能将植草沟中压出凹槽而形成集中径流，降低水质处理性能。

（3）防止杂草入侵

定期检查植被是否生长良好，控制杂草入侵。在某些情况下入侵的杂草品种可能是有益的，但只有当入侵草种可提供相同或更好的水质处理能力或景观表现能力，且被业主或维护部门认可时，才可以保留。如果植草沟坡度非常平缓，植草沟的植被可能会以湿地植物为主。湿地植物的茂密生长对雨水处理是有利的，而且也将减少割草成本。在这种情况下，维护档案应当记录下植物群落的转变，并提供维护新植被的指南。

（4）清除累积的沉积物

去除堆积在植草沟的沉积物，可能是维护环节中费用最高但也是最有必要的一部分。清除沉积物后，需要将植草沟坡度和高程恢复到最初建造时的状态，并重新种植植被。植草沟的汇水区需加强侵蚀控制，以防止雨水径流的源头冲刷，直到设施内植被再次恢复良好状态。

泥沙可能堵塞进水口，进而影响植草沟有效处理降雨径流。而且当雨水径流被堵塞时，会从上游溢流进入其他排水区域，侵蚀植草沟。

（5）清除杂物

与其他设施一样，植草沟的日常维护需要清除杂物。如不及时清除植物枝叶或花园/草地的废物，会阻塞入流口或出流口，造成集中径流，并且破坏景观效果。应当定期进行杂物的检查和清除。

能够判断何时不需要维护植草沟同样重要。在植草沟或挡水堰设计和施工时制定的维护指南，虽然能够在当时提供全面的信息，但随着时间的推移，设施可能在外观和功能上都有所改变。这些变化有可能是有利的，这就需要维护人员凭借丰富的经验和专业的知识在定期检查时进行分析，判断这一变化的有益性。如果植被变化是有益的，则能降低维护成本。

5.7　计算示例

某植草沟位于居住区道路分隔带，汇水区面积约 2hm^2，汇水区下垫面不透水率为 40%，土壤土质为黏土。水力计算如下。

植草沟的水质保护容积对应降雨量 P_{24} 取该区域 90% 场次的日降雨量，为 27mm；采用奥克兰雨型，即峰时雨强：16.2×27mm/24h ＝ 18.2mm/h。

（1）不透水区域

$I_a ＝ 0$，$S ＝ 25.4×（1000/CN － 10）＝ 5.2mm$；

其中，S：土壤储水量；

　　　CN：为加权径流曲线参数，不透水为 98。

雨峰时，径流 / 雨量 ＝（$P_{24} － 2I_a$）×（$P_{24} － 2I_a ＋ 4S$）/（$P_{24} － 2I_a ＋ 2S$）^{2} ＝ 0.923；

径流峰值流量 ＝ 18.2mm / h×0.923×40%×20000/3600/1000 ＝ 0.037m^3/s。

（2）透水区域

$I_a ＝ 5mm$，$S ＝ 25.4×（\dfrac{1000}{CN} － 10）＝ 89.2mm$；

雨峰时，径流 / 雨量 ＝（$P_{24} － 2I_a$）×（$P_{24} － 2I_a ＋ 4S$）/（$P_{24} － 2I_a ＋ 2S$）^{2} ＝ 0.264；

径流峰值流量 ＝ 18.2mm / h×0.264×60%×20000/3600/1000 ＝ 0.016m^3/s；

综合径流峰值流量 ＝ 0.037 ＋ 0.016 ＝ 0.053m^3/s；

考虑到汇水区径流衰减采用修正系数 0.89，植草沟峰值流量 ＝ 0.89×0.053 ＝ 0.047m^3/s；

设计步骤如下：

① 植被覆盖以草为主，高约 50～150mm，坡度 4%，为水质保护流量应对 100mm 水流深，即设计深度 $d ＞ 60mm$，$n ＝ 0.013d^{-1.2}/（0.75 ＋ 25s）$

其中，d：水质保护指标对应降雨条件下的水流深度（m）；

　　　s：纵坡坡度；

② 从步骤①得出曼宁系数：$n ＝ 0.118$；

③ 植草沟断面形状为梯形，边坡：水平距离 / 垂直高度 ＝ 3；

④ 计算底宽：

$n = 0.118$，$d = 100\text{mm}$，$Q = 0.047\text{m}^3/\text{s}$，$s = 4\%$，$Z = 3$，

$b = (Q \times n/d^{1.67}S^{0.5}) - Z \times d = 1.2\text{m}$；

⑤ 计算顶宽：$T = b + 2dZ = 1.3\text{m}$；

⑥ 计算植草沟过流横截面积：$A = bd + Zd^2 = 0.15\text{m}^2$；

⑦ 计算流速：$V = Q/A = 0.31 < 0.8\text{m/s}$，满足要求；

⑧ 计算植草沟长度（滞留9min计算）：$L = Vt = 0.31\text{m/s} \times (60 \times 9)\text{s} = 168\text{m}$

考虑到底宽（b）小于最大值，在保持同样过水面积条件下可以通过增加植草沟宽度（b）来缩短植草沟长度（L），如果将植草沟长度缩短为理想中的100m，则需要控制底宽为：

$$V = L/60t = 0.185\text{m/s}$$

$$A = Q/V = 0.25\text{m}^2$$

$$b = (A - Zd^2)/d = 2.2\text{m}$$

最终可得需要将底部宽度扩大为2.2m，稍超过允许最大宽度2m；同理，如果控制植草沟长度约110m，则植草沟底宽约为2m。

如果需要应对不同重现期降雨，则水力计算和规模计算可以相应进行调整，当然服务于更大降雨事件的植草沟，势必增加其滞蓄空间。同时，需要计算更大降雨事件下的流量，为了防止冲刷严重，需确保流速小于1.5m/s，在提供冲刷防护措施之后可以适当提高流速。

6　生物滞留设施

　　生物滞留设施是通过植被—土壤—填料等多层介质实现渗滤雨水的设施。净化后的雨水根据水质条件可渗透补给地下水，或通过底部盲管定向排到设计的出口，例如市政管道或后续处理设施。

　　生物滞留设施主要有滞留地表径流和净化雨水等功能。通过增加自然蒸发与渗透，生物滞留设施能够减少降雨径流量、削减径流污染。例如，雨水花园接纳低重现期小降雨过程所产生的全部径流以及高重现期强降雨的初期雨水径流，超过滞留设施处理能力的雨水可通过溢流系统排放。生物滞留设施还可通过植物、填料、微生物对污染物进行截留和降解，从而达到雨水净化的目的，具体包括植被对悬浮颗粒物的过滤作用、植物根系和填料对有机物的吸附和降解作用、微生物对有机物的降解作用等。

　　生物滞留设施的水文过程、水质处理过程和径流路径如图 6-1 所示。

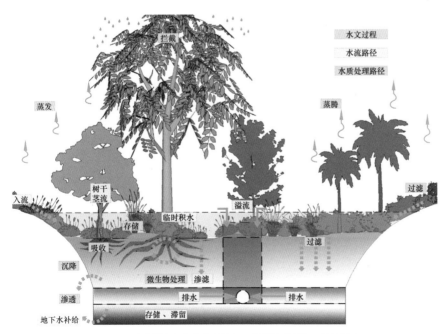

图 6-1　生物滞留设施的水文过程、水质处理过程和水流路径

6.1 设施类型

6.1.1 雨水花园

雨水花园（图6-2）是一种有效的雨水自然净化与处理设施，一般建在地势低洼的区域，由耐淹植物、覆盖层（如木片、稻草或干草等）、种植土层、人工填料层、砾石层、蓄水层等组成。雨水汇入雨水花园之后，经过特定土壤—植物—微生物的截留、渗滤和吸附作用达到控制径流、削减径流峰值、净化水质和涵养地下水的目的。

降雨期间花园中的植被先对雨水中的悬浮颗粒进行过滤，因此雨水花园内的植物需兼具去污性和观赏性；随后雨水通过渗透作用流经有机覆盖层、植物根系区、各类填料土层以及砾石层等，水体中的COD、营养元素、无机物、有机物等被不同程度地去除。处理过的雨水被排水层中的盲管收集起来，排放到设计的排口，进入下游的管网系统或排放到水体中。

按照使用目的的不同，雨水花园被分为渗透型和收集型两大类。渗透型雨水花园常常设置在地表水质相对较好的小汇流面积区域，如公共建筑和居民小区内、干净的街道旁、城乡分散的庭院内等，雨水可直接或通过连接管道汇入雨水花园。对于雨水泥沙含量较高的区域，可设置中间过滤带或砾石缓冲，带来减少或过滤雨水径流中挟带的泥沙。同时，根据汇入雨水对地下水的补给作用，又可将渗透型雨水花园进一步分为完全渗透型和部分渗透型两类。渗透型雨水花园的主要优点包括：

①汇入雨水水质相对较好，园林景观效果好；

图6-2 雨水花园实景示例

（图片来源：http://www.soildistrict.org/healthy-yards/rain-garden-resources/）

② 结构简单，造价低廉，后期维护管理方便；

③ 可涵养地下水。

收集型雨水花园则一般适用于含有污染物较多的汇水区，此类雨水花园通常设置在城市中心、停车场、广场、道路周边、城市工业区等雨水径流污染相对严重的区域。根据雨水收集利用的方式，雨水花园分为完全收集型和部分收集型。收集型雨水花园主要以去除雨水中的污染物为目的，因此相对于渗透型雨水花园，其在土壤配比、植物选择和底层结构等方面的设计要求都更为严密。该类型雨水花园的主要优点包括：

① 可有效去除雨水中的营养元素、有机物等污染物质，净化雨水；

② 提高干旱缺水地区的集雨效率，成为重要的水源补给途径；

③ 用地灵活可控。

雨水花园具有收集雨水资源、调节雨洪、净化水质、恢复水循环等多方面的功能。考虑到我国降水分布不均的特征，经雨水花园收集、处理后的雨水可广泛用于消防、绿化灌溉、景观、道路冲洗等；雨水花园可对城市降雨径流总量和峰值流量进行调节，实现海绵城市建设中重要的"渗""滞""蓄"功能；雨水花园的植被和土层具有较强的去污功能，是海绵措施中重要的径流污染控制措施之一；雨水花园能够增加雨水在城市中蒸发和下渗的比例，在一定程度上使城市水循环功能恢复到城市开发前的状态。

雨水花园可用于新开发区的景观和海绵城市建设，也可用于已开发区的绿地改造；既适用于小汇流区域的屋顶和道路雨水收集，也适用于广场和绿地公园等较大汇水区的雨水收集。表6-1列出了雨水花园的部分参数设计要求，图6-3给出了雨水花园组成结构的技术细节。

雨水花园部分参数设计要求　　　　　　　　　　表6-1

参数类型	设计要求
最小表面积	$2m^2$
最小深度	600mm＋排水层深度＋蓄水层深度
边坡限制	边坡坡度宜为 1：4
径流类型	屋顶和地面径流
应用范围	住宅、商业地段、道路、停车场

6.1.2　雨水花坛

雨水花坛（图6-4）本质上是特殊土壤介质（如地上的预制混凝土箱），是调蓄和滞留雨水的花坛。

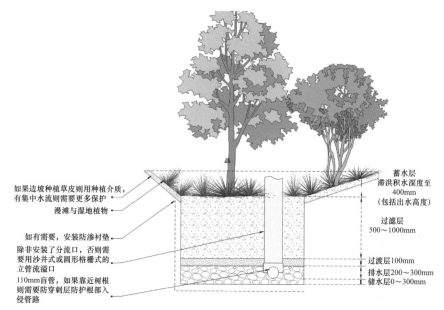

如果边坡种植草皮则用种植介质，有集中水流则需要更多保护

漫滩与湿地植物

如有需要，安装防渗衬垫

除非安装了分流口，否则需要用沙井式或圆形格栅式的立管流溢口

110mm盲管，如果靠近树根则需要防穿刺层防护根部入侵管路

蓄水层
滞洪积水深度至400mm（包括出水高度）

过滤层500~1000mm

过渡层100mm
排水层200~300mm
储水层0~300mm

图 6-3 典型雨水花园结构的技术细节

图 6-4 雨水花坛实景示例图

（图片来源：https://inhabitat.com/melbourne-water-encourages-australian-citizens-to-build-10000-rain-gardens/）

雨水在雨水花坛中的循环过程如下：

① 屋顶或地面上汇集的雨水通过落水管或表面径流的途径排放到花坛，必须考虑消能措施。

② "初期雨水" 渗入土壤层，然后由排水层收集，定向输送到排放点。

③ 雨水花坛主要设计用于滞留初期雨水，超过花坛滞留能力的雨水会通过溢流口和立管排放到城市管网系统。降雨过程中土壤含水量趋于饱和后花坛顶部会产生积水，形成滞留水层；当花坛水位高于雨水溢流

口时，雨水开始向花坛外溢流。

④ 如果雨水花坛毗邻建筑物，花坛应建在地面以上；如果雨水花坛距离建筑物地基 3m 以内，则可部分建在地面以下，具体施工应咨询工程师的意见。

⑤ 雨水花坛表面应保持水平。

表 6-2 列出了雨水花坛的部分参数设计要求，图 6-5 提供了雨水花坛组成结构的技术细节。

雨水花坛部分参数设计要求		表 6-2
参数类型	设计要求	
最小深度	600mm ＋排水层深度＋蓄水层深度	
边坡限制	边坡为 1∶4 以上必须有结构稳定设计	
径流类型	屋顶和地面径流	
应用范围	住宅和商业地段	

6.1.3 生态树池

生态树池（图 6-6）是城市铺装地面上为种植树木而设置的装置，利用透水材料覆盖其表面，并对土壤进行结构改造，维持其略低于铺装地面，能参与地面雨水收集，起到延缓地表径流峰值的作用。生态树池是一种小型生物滞留设施，以其占地面积小、应用灵活等优点已成为国外街道

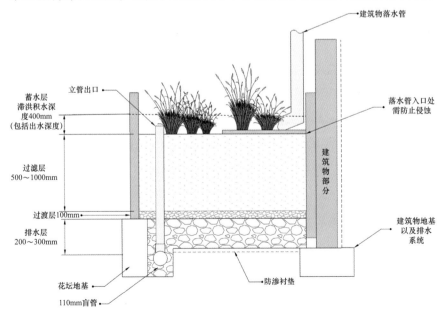

图 6-5 典型雨水花坛结构的技术细节

图 6-6　生态树池实景示例图

普遍应用的低影响开发设施。

在结构设计上，生态树池和雨水花园都要求一定的表面积和土壤深度，以保障植被生长。生态树池系统要求树根与排水盲管之间至少有 1m 的距离（图 6-7），必要时需设置防穿刺层以减少树根对管道的破坏。由于树木根系较深且比草本、灌木根系更复杂，生态树池的土壤更换等维护工作比雨水花园更困难。

汇入生态树池的雨水主要以下渗方式排放，雨水通过过滤层后被底层盲管收集并排放至其他雨水系统。为避免生态树池表面长时间积水，通常会在生态树池的设计中避开雨水径流路径，让雨水直接通过路缘或水渠进入最近的雨水口或河道。某些特殊情况下需为生态树池设计溢流装置，让表面未及时下渗的雨水以溢流的形式向周边雨水系统排放。生态树池作为海绵城市重要的生物滞留设施，适用于城市交通车流量较大的街道、停车场和其他大面积不透水区域。生态树池内种植的树木根系发达，具有较强的雨水吸附功能，树冠还可为城市提供遮风、挡雨、防日晒的绿色空间，具有显著的景观效应。如果相邻生态树池可以互相连接并延长为树槽，将会为城市街道等提供更大的雨水调蓄空间。

混凝土墙为靠近道路的生态树池建设提供结构支持，而生态树池邻近道路的一面还需使用防渗衬垫，防止雨水渗透损坏道路路基。生态树池内种植的树木需适应街道环境，树种选择应优先考虑本地树种。

表 6-3 列出了生态树池的部分参数设计要求，图 6-7 提供了生态树池组成结构的技术细节。

参数类型	设计要求
最小深度	600mm＋排水层深度＋蓄水层深度
径流类型	地面径流
应用范围	道路和停车场

生态树池部分参数设计要求　　表 6-3

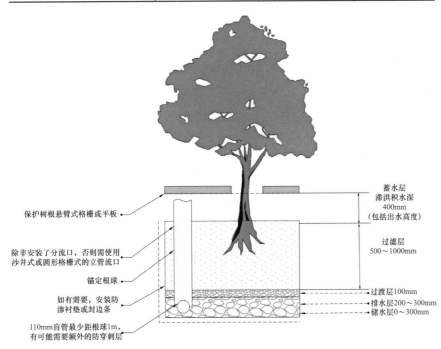

图 6-7　典型生态树池结构的技术细节

6.2　适用条件

生物滞留设施主要适用于小区内建筑、道路及停车场的周边绿地，以及城市道路绿化带、城市绿地等。

对于径流污染严重、设施底部渗透面距离季节性最高地下水位或岩石层小于 1m 及距离建筑物基础小于 3m（水平距离）的区域，可采用底部防渗的复杂性生物滞留设施。

6.3　计算方法

为了确保生物滞留设施能够达到预期目标，可按照以下步骤进行计算：

（1）汇水区确定

正确划分汇水区、计算汇水区的坡度和比降。

（2）流量计算

生物滞留设施的雨水入口参数应按照能够承载初期雨水的峰值流量和收纳上游积水的要求设计。

（3）规模计算

根据汇水区的水质保护容积，确定设施的面积和其他规模尺寸。

6.3.1　设施深度

生物滞留设施的深度由各结构层厚度综合决定，图6-8展示了典型生物滞留设施的结构层分布。同时，设施深度也将影响植物选择，表6-4提供了各个垫层深度取值范围，工程设计中宜保证设施的最小土壤深度达到600mm以上。

生物滞留设施垫层常用厚度的取值要求　　　　　　　　　表6-4

垫层	厚度	备注
蓄水层	0～400mm（包括50～100mm溢流出水高度）	蓄水层深度宜为200～300mm；径流流量较大时应有50～100mm的溢流出水高度
覆盖层	50～75mm	应使用可分解的有机覆盖物，如树皮等；有需要时，还可使用小石子铺设表面
过滤层	500～1000mm	1m以内的草和小灌木生长适宜的土壤深度为300mm；大型灌木生长适宜的土壤深度为300～600mm；树木生长适宜的土壤深度应不低于1m
过渡层	100mm	沙或粗砂
排水层	200～300mm	管道的周围需安装最低50mm厚度的砾石
储水层	0～300mm	可选，设置于排水管下方，以提供更多的渗透量，旱季为植物提供水分

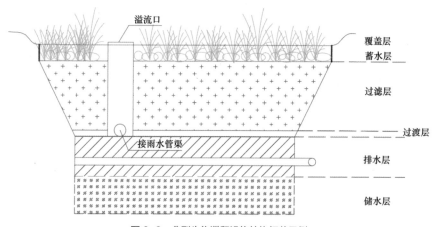

图6-8　典型生物滞留设施结构细节示例

6.3.2 设施面积

生物滞留设施应设计有足够的蓄水空间来存储集水范围内的初期雨水，保证初期雨水经设施过滤后排放。在控制降雨径流、削减雨洪峰值以及净化雨水等方面，生物滞留设施的设计面积与容积相比，对实施效果的影响更为显著。为提升生物滞留设施的性能，在设施设计与运行过程中应避免收集透水地面的雨水径流。生物滞留设施不宜采用垂直边坡，为方便施工边坡宜设计为缓坡。同时为确保土壤和暴雨径流之间有充分的接触，缓坡坡度不宜大于1：1。

在计算设施的面积之前，需要确定设施所在汇水分区的径流量，具体设计步骤如下：

① 确定水质保护容积。计算时需要分别考虑透水区域和非透水区域径流量，再计算二者总和。

② 最小的有效容积应为水质保护容积的40%。

③ 计算生物滞留设施的面积。设施面积主要由蓄水深度、处理的雨水径流量、土壤渗透系数等因素决定。

具体公式如下：

$$A_f = \frac{(WQV)(d_f)}{k(h+d_f)(t_f)} \qquad (6-1)$$

其中，A_f：设施面积（m^2）；

　　　　WQV：水质保护容积（m^3）；

　　　　d_f：过滤层（种植土）深度（m）；

　　　　k：土壤渗透系数（m/d）；

　　　　h：平均蓄水深度＝1/2 最大蓄水深度（m）；

　　　　t_f：水质保护容积通过土壤层的时间（一般用24h进行计算）；

可以参考以下参数进行设计：

　　　　d_f：过滤层（种植土）深度（m）＝1m；

　　　　k：土壤渗透系数（m/d）＝0.3m/d；

　　　　h：平均蓄水深度＝0.11m；

　　　　t_f：水质保护容积通过土壤层的时间（一般居住区用1d来进行计算，非居住区用1.5d来计算）。

除了以上公式计算，设施面积确定还应考虑以下影响因素：

① 如果规划用地不能满足生物滞留设施在面积、深度等空间方面的

设计要求，生物滞留设施的水质处理目标可以根据工程的设计规模作适当调整。总悬浮物浓度（TSS）去除率和水质保护容积的关系如表6-5所示。

水质保护容积和 TSS 去除率的关系	表 6-5
实际容积	TSS 去除率
150% 水质保护容积	82%
100% 水质保护容积	75%
75% 水质保护容积	70%
50% 水质保护容积	60%
25% 水质保护容积	50%
10% 水质保护容积	40%
5% 水质保护容积	30%

② 当生物滞留设施蓄存或溢流的雨水不排放到按本书要求设计的雨水塘时，设施的面积须达到不透水面积的 8% 以上（不透水面积不包含已通过雨水箱收集雨水的屋顶面积）。

③ 当生物滞留设施蓄存或溢流的雨水排放到雨水塘时，设施的面积须达到不透水面积的 5% 以上（不透水面积不包含已通过水箱收集雨水的屋顶面积）。

④ 商业区域滞留设施的径流截留能力设计时尽可能不低于 $4m^3/100m^2$，如果区域内安装了雨水箱（雨水收集装置），则滞留设施的截留量可根据雨水箱的收集量适当减小。

6.3.3 路缘石开口宽度

设计合适的路缘石开口宽度可使设计标准内的雨水能进入生物滞留设施。可采用曼宁公式来估算路缘、排水沟和道路内的设计雨水深度。如果小型暴雨在汇水区上的径流深度已知，可通过宽顶堰公式计算所需的路缘石开口宽度。这个宽度（L）可以根据已知排水沟的水深（h）来计算。

$$Q = C_w L h^{3/2} \tag{6-2}$$

其中，Q：流量（m^3/s）；

C_w：堰流系数（1.7）；

L：开口宽度（m）；

h：堰上水头（m）。

这种计算方法能够保障路缘有足够的开口宽度，不会导致上游积水，能有效提升生物滞留设施毗邻路面的交通畅通性。

6.3.4　积水深度和盲管

生物滞留设施的蓄水层为雨水径流提供暂时的储存空间，雨水在此汇集、沉淀、下渗。降雨发生以后，蓄水层中的雨水应在 24h 内排走，以免影响设施内植物生长和景观。不同地区生物滞留设施蓄水层内的雨水滞留时间还应根据具体的植被需求确定。

生物滞留设施水力设计的关键是确保有足够的水头差使汇入设施的雨水在向过滤层渗透时达到最大入渗效率。足够的水头差可通过蓄水层来实现。

同时，为了确保设施底部的盲管有足够的排水能力，盲管的设计必须满足以下几个条件：

① 确保有足够多的渗孔来满足最大渗透率；

② 确保管道有足够的直径来排出设计流量或达到设计的渗透率；

③ 确保介质材料不会进入到盲管里（使用过渡层）。

生物滞留设施中的雨水有效下渗率相当于底层土的水力传导系数（K_n）和盲管最大排水流量（K_u）的总和，下渗时间可通过蓄水层深度和有效下渗率来进行估算。生物滞留设施的最大下渗流量即通过过滤层的最大流量，可采用达西方程计算：

$$Q_{max} = K_{sat}LW_{base}(h_{max} + d)/d \qquad (6-3)$$

其中，Q_{max}：最大下渗流量（m^3/s）；

　　　K_{sat}：底部土壤的下渗系数（m/s）；

　　　W_{base}：土壤过滤层之上蓄水层断面宽度（m）；

　　　L：生物滞留设施的长度（m）；

　　　h_{max}：土壤过滤层之上蓄水层深度（m）；

　　　d：过滤层的深度（m）。

盲管的最大排水能力应不小于过滤介质的最大渗透率，以保障雨水能顺利通过过滤介质。为确保系统底部盲管有足够的能力收集和排出设施上层的最大下渗流量，需要确定可能通过孔隙进入管道的最大流量，可以假设水流通过孔口进入管道，用锐边孔口公式计算最大流量。计算时基于设计管孔数量和大小（通常为厂商规格），假设雨水下渗始终保持最大水头（如果没有蓄水层，最大水头即过滤介质的深度；如果有蓄水层，最大水头等于过滤介质层深度加蓄水层的深度），采用式（6-4）计算进入管道的流量。现实中，介质的部分孔隙可能会被过滤物质堵住，计算中可使用堵塞系数表示孔隙堵塞造成的影响作用，一般情况下假设50%的孔隙被堵塞。

$$Q_{\text{perf}} = BC_{\text{d}}A\,(2gh)^{1/2} \qquad (6-4)$$

其中，Q_{perf}：盲管流量（m^3/s）；

B：堵塞系数（取0.5）；

C_{d}：孔口流量系数（对锐边孔口假设0.61）；

A：孔口总面积（m^2）；

g：重力系数（9.79 m/s^2）；

h：盲管上方最大水深（m）。

若盲管不能有效排除所计算的介质最大渗透流量（$Q_{\text{perf}} < Q_{\text{max}}$），则需要增加盲管数量。盲管的尺寸和数量可采用曼宁公式计算确定，曼宁系数的确定依赖于管道的类型。

盲管的曼宁系数 n 参考取值区间如下：

① 多孔波纹管取 0.021 ~ 0.025；

② 光滑的聚氯乙烯盲管取 0.015。

6.3.5　溢流井

生物滞留设施可通过设置高位溢流井的形式满足积水深度，通常使用带格栅的立管作为溢流井。应分别考虑全部淹没和自由出流两种情景核对溢流口尺寸的设计要求：

① 假设自由溢流情况，采用宽顶堰公式确定堰长度。

宽顶堰公式：

$$Q_{\text{weir}} = BC_{\text{w}}Lh^{3/2} \qquad (6-5)$$

其中，Q_{weir}：溢流井流量（m^3/s）；

B：堵塞系数（0.5）；

C_{w}：堰流系数（1.7）；

L：堰长度（溢流立管周长，m）；

h：堰或立管口以上水头（m）。

计算出堰的长度，可选择标准尺寸的溢流口，溢流口周长至少与堰长度相当。

② 假设溢流口淹没入流的情况，用孔口方程估算溢流井格栅开口间

距（假定 50% 的格栅被阻塞）。

孔口方程：

$$Q_{orifice} = BC_d A \left(2gh\right)^{1/2} \qquad (6\text{--}6)$$

其中，B：堵塞系数（0.5）；

g：重力系数（9.79 m/s²）；

h：立管口以上水头（m）；

$Q_{orifice}$：溢流口全淹流量（m³/s）；

C_d：排水系数（全淹时为 0.6）；

A：孔口面积（格栅开口面积，m²）。

对比上述两种方法，取较大值，即为溢流井最小尺寸。若生物滞留设施的溢流井同时作为道路雨水井，则其尺寸需要满足相应规范。

超过设计标准的雨水径流应在生物滞留设施入口处或分流渠中通过溢流口排泄。如果小型暴雨（90% ~ 95% 场次的降雨量）径流和大型洪水（100 年一遇）径流都可流入生物滞留设施表面，则需采取措施保持设施表面的流速低于设计最大流速（宜低于 0.5m/s，大暴雨时不超过 1.5m/s），避免过滤层和植栽被冲刷侵蚀。

6.4 设计要点

生物滞留设施形式多样，径流控制效果好，易于景观结合，建设与维护费用较低，因此适用范围广。在设计时应注意选址布局，入口、过滤层、排水层、储水层、出口等结构的细节，才能充分发挥设施的生态功能。

6.4.1 选址布局

生物滞留设施应布置在行人和车流较少的区域，避免荷载过重破坏或压密结构层，同时还应尽量避开透水区的下游。选址时，需综合考虑周边建筑、地下设施、坡度、底层土壤的渗透性和地下水位等因素。此外，生物滞留设施还应设置维护通道，方便后期的维护管理。

当生物滞留设施位于场地坡降大于 1:12 的斜坡上时，雨水会自行流入斜坡边缘，须在生物滞留设施的斜坡下方安装平台式护堤；对于坡降大于 1:4 的斜坡，可能需要建造挡土墙结构。任何建在坡降大于 1:4 的斜坡上的生物滞留设施，须向有资格认证的岩土工程师咨询。

（1）保留足够的缓冲边距

生物滞留设施不能设在对地基有影响或建筑物边缘 3m 以内区域，如必须设置在坡地建筑物 6m 以内的范围，则应安装防渗衬垫（单侧或双侧安装），防止地基土壤含水饱和而引发工程险情。

与道路相邻的生物滞留设施应配套防渗衬垫，防止雨水渗透通过滤料介质而侵蚀公路路基。此外，宜在与道路相邻的边侧使用 300mm 宽的混凝土基础，以提供结构支撑，或者采用水泥结构支撑雨水花园。

如果在生物滞留设施内种植树木，应保证树木成熟后树冠不会干扰电线或其他公用设施。

（2）协调好与城市基础设施的关系

为避免城市基础设施后续维护管理影响生物滞留设施系统功能的发挥，应以城市所有地下、地上基础设施的设计施工图纸为基础开展生物滞留设施设计。

在道路（包括行车道和路边）中修建生物滞留设施时应以道路安全为首要考虑因素。生物滞留设施也可以修建在环岛中，从可视度要求出发，环岛中的生物滞留设施宜种植高大植栽，而且还应根据设计车流量和设施排水综合要求来设计路面坡度。

（3）处理好与现有挡土墙的关系

生物滞留设施不应设置在建筑物边界 1m 范围内，不宜设置在与挡土墙高度 1 : 1 的距离范围内。如果必须布置在该区域内，应设计相应的处理设施以抵消挡土墙可能在生物滞留设施上增加的荷载。

挡土墙排水层不能应对超标雨水，如果生物滞留设施中过量的雨水流入挡土墙排水层，则可能导致挡土墙承受超负荷的静水荷载，对挡土墙基础造成破坏，故应采取措施防止本应进入生物滞留设施内的雨水绕流渗透后进入附近挡土墙排水层。

图 6-9 展示了生物滞留设施对各项边距的要求。

6.4.2 入口设计

（1）预处理

面积超过 $50m^2$ 的生物滞留设施应设置预处理单元，用于过滤和收集雨水中的沉积物、垃圾和碎片。若生物滞留设施所在汇水区径流污染负荷高，也应考虑使用预处理单元来降低设施的维护需求和延长设施的使用年限。对于雨水污染特别严重或水质净化需求较高的场地，需要考虑

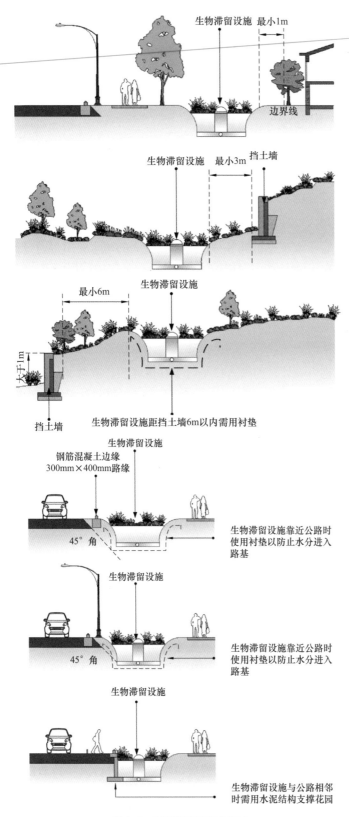

图6-9 生物滞留设施边距要求

在生物滞留设施的上游设置预处理单元。

预处理单元既可以是植草沟、过滤带、集泥井等其他海绵设施，也可以由前池构成。前池一般应具有 500mm 的积水深度，并配套补充蓄水单元格，前池中蓄满的雨水可向补充蓄水单元格溢流。

（2）消能措施

雨水从地面（路缘、明渠）或管道排水系统以集中入流的形式进入生物滞留设施，会对植被和土壤介质造成强烈的侵蚀作用。为了减轻集中入流对设施的侵蚀，需要在入口处安装消能装置。铺垫岩石或大型鹅卵石是实现入口冲刷防护较为简单有效的方法。例如，小型雨水花园可采用铺垫石子或茂密植被等材料消能，较大的雨水花园可通过设置流量分配堰或前池消能。

（3）入口形状

道路或停车场内生物滞留设施入口通常是由路缘石切开，开口宽度由雨水流量的大小决定。如果设施入口垂直于径流路径，入口应按照宽顶堰公式进行设计；如果入口平行于径流路径，应增加开口的长度或入口数量，避免径流绕行。

设施入口形状会对水流特性产生影响，下面列出理想路缘入口的属性：

① 圆形或锥形路缘（需要足够大的半径满足设计流量）；

② 约 10% 比降的混凝土裙边，防止道路局部积水和淤泥；

③ 裙边底部安装由灌浆或丝网包裹的岩石构成的消能结构（岩间不应造成槽状流）；

④ 为避免对自行车和机动车构成潜在危险，路缘和汇流路径内不宜使用凸起的分流装置。

（4）漫流立管入口

管道是汇水区雨水径流进入生物滞留设施的重要途径。如果雨水无法以重力流的方式由管道进入生物滞留设施，则可使用漫流立管进行辅助，如图 6-10 所示。漫流立管入口还有助于减轻雨水入流对花园土壤的侵蚀作用。

由于漫流立管入口容易形成积水，因此漫流立管宜设计为浅管，采用透水底以避免长期积水。立管入口还要定期进行泥沙和杂物清除的维护管理工作。

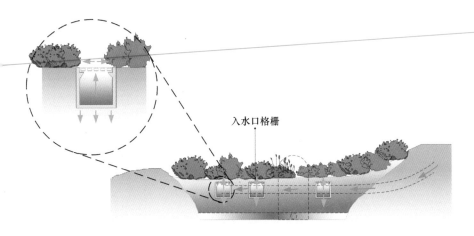

图6-10 漫流立管入口示意图

6.4.3 覆盖层

生物滞留设施的覆盖层有利于保持土壤水分和透气性能，还有助于防止设施水土流失，避免表层土壤的渗透性能因板结而降低，并可在覆盖层和土壤界面上营造一个有利于微生物生长的环境，促进有机物降解。

覆盖层相关建议如下：

① 覆盖层材料主要为粗碎木屑、树皮等，不得含有杂草种子、土、树根等，草屑或动物排泄物也不宜用作覆盖材料；

② 厚度宜介于 50 ～ 80mm；

③ 密度足够大，在水中不易飘浮；

④ 覆盖物不能阻塞溢流口。

6.4.4 过滤层

过滤层对水质处理、雨水蓄积以及植被的生长都具有重要作用，因此必须具有良好的透水性，还必须具有稳定的化学和物理性质，能够满足地面和地下的生物群落生长需求。

过滤层常采用高碳、低肥和高保磷的土壤，以有效去除雨水中的金属污染物，防止氮、磷元素浸出；土壤的饱和水力传导系数宜介于 50 ～ 300mm/h 之间，为植被生长提供所需的保水和排水条件。

为维持植物的生长，过滤层中应含有比重约为 10% ～ 30% 的有机物。过量施肥不仅会影响设施的污染物去除效果，还会导致植物生长减慢，增加病虫危害以及抑制土壤活性。

常用的土壤配比方案如下:

① 堆肥(比重约占 30%)、表土(比重约占 30%)和沙(比重约占 40%)的混合物;

② 不含石头、树桩、树根或其他直径超过 25mm 的材料的均匀混合物;90% ~ 100% 的介质应通过 10mm 筛子的筛选,97% ~ 100% 的介质应通过 25mm 筛子的筛选;

③ 不含对设施植被、土壤、景观等有害的植物种子。

过滤层的土壤属性如表 6-6 所示。

生物滞留设施土壤属性　　　　　　　　　表 6-6

土壤主要属性	比重或取值范围
有机质	10% ~ 30%
种子发芽评分(1 ~ 7)	≥ 6
总持水能力	50%
湿度	30% ~ 50%
容积湿度 / 湿重	750 ~ 1300kg/m^3
pH 范围	5.2 ~ 7.5
镁	≥ 40kg/hm^2
磷(P_2O_5)	≥ 80kg/hm^2
钾(K_2O)	≥ 95kg/hm^2

6.4.5　过渡层

为了避免过滤层的介质随雨水下渗进入排水层,应在排水层之上设置由 100mm 砾石沙或粗砂组成的过渡层。过渡层的粒径分布建议如表 6-7 所示。

过渡层粒度分布　　　　　　　　　表 6-7

筛孔尺寸	通过率(%)
1.4mm	100
1.0mm	80
0.7mm	44
0.5mm	8.4

6.4.6　排水层

应合理设计排水层及排水管道尺寸,确保雨水通过生物滞留设施的速度。生物滞留设施排水层的设计是由过滤层的下渗速度来决定的，具体要求如下：

（1）排水砾石层

排水层的比降应不小于0.5%。选择合适尺寸的砾石（直径为5～14mm）在过渡层以下环绕盲管铺设，盲管下面应设置至少50mm厚的垫层。排水砾石尺寸应根据排水管穿孔的尺寸确定，砾石的尺寸应大于盲管孔隙的尺寸。

（2）排水盲管

① 排水盲管宜安装在砾石排水层底部，在排水层以外原土部分的排水管不应设置为盲管。

② 排水盲管与雨水井或检查井的接口应在距井底部200mm以上的位置。

③ 排水盲管不应设置在地下水饱和带。

④ 地下排水盲管可采用有纵向切槽的PVC管，也可采用表面有小孔的柔性管（管道外不宜包裹土工织物，以防止盲管孔隙堵塞）。

⑤ 生物滞留设施的盲管直径和数量应以能保证雨水的顺利通过为设计依据，基于保守考虑，建议将盲管的尺寸设计成能输送比滤料饱和导水率大一个数量级的流量规格。

⑥ 设计时应将盲管垂直延长至生物滞留设施的表面，以便检查和维修。盲管的垂直部分无须穿孔，且应包裹密闭，防止水流和异物进入。

6.4.7 储水层

根据需要可在生物滞留设施底部排水管下设置额外的储水层，以增加生物滞留设施的设计深度和雨水渗透量，增加地下水补给。储水层的深度由设施的具体属性决定，通常可取300mm。如果安装了储水层，则不必安装防渗衬垫。

6.4.8 出口设计

生物滞留设施应设计溢流系统，确保超额的雨水可被分流至雨水口或地表径流路径。住宅区的溢流系统应能够将年降雨频率（AEP）为10%的暴雨径流转移到公共雨水系统，商业区则为5%。在条件允许的情况下，溢流水体还可直接导向其他海绵设施，如植草沟、雨水塘、人工湿地等。住宅区内，对于AEP介于10%（商业区为5%）和1%之间的暴雨，也可以溢流入允许排放的地表径流路径。

（1）管路连接

管道接头和雨水渠的结构连接处必须严格密封，以避免雨水通过管道或结构连接处渗出，管段必须使用合适的连接环或法兰连接。

（2）监测/反冲洗立管

生物滞留设施应安装兼具监测和反冲洗功能的立管：

① 监测生物滞留设施在暴雨前后的雨水下渗速度；

② 与排水系统连接，以方便清洗。

监测/反冲洗立管宜选用直径为100mm的刚性非穿孔PVC管，立管的顶部应有螺丝钉或者法兰盖保护。

（3）超标径流溢流口

生物滞留设施一般应配置有超标径流溢流口，主要有以下两点需要考虑。

① 在积水区里安装带格栅的立管，输送超过初期雨水的径流；

② 设计足够的入口规模。

另外，注意防止超标径流溢流口阻塞，保障溢流雨水安全流入其他的雨水处理设备或收集系统。

6.4.9　防渗衬垫

利用雨水回补地下水是生物滞留设施的重要功能之一。在地表污染较轻且水质达标的区域，生物滞留设施可不设防渗衬垫；但如果生物滞留设施建在建筑地基或城市主干道路附近，系统底部则需设置防渗衬垫；另外，坡度大于1:4（垂直:水平）的生物滞留设施宜安装防渗衬垫。防渗衬垫应参考岩土工程师的意见安装，应采用不小于0.25mm厚的聚丙烯内衬作为衬垫材料。

6.4.10　通道和检查井

生物滞留设施必须设计足够的通道，用于日常监测、维修和景观保养等工作。

对于面积大于10m²的生物滞留设施，应在溢流管路、盲管和引入公共排水系统的支管连接处配置检查井；对于面积小于10m²的生物滞留设施，可不配置检查井，但应在溢流口、盲管和非穿孔管路连接处配置立管接口，立管应设计有观察口，方便在管路阻塞时进行维护。

如果生物滞留设施底部深度超过1m，则检查井应按人孔尺寸规格设计，通常可设计为直径 1050mm 的检查井；如果花园底部深度不超过 1m，则可设计为小型的检查井。检查井应尽量靠近生物滞留设施，以便维护。

6.4.11　景观设计

景观设计对生物滞留设施的建设非常重要。高质量的景观设计能将生物滞留设施与周边环境融为一体。

利用地形、地貌种植植物，创建并连接景观空间，景观的空间顺序可通过生物滞留设施的大小、形状和位置等设计实现。生物滞留设施的形状可采用现有景观的几何形状，与相关景观要素呼应。根据景观对空间质感的需求，生物滞留设施的边缘可选用多种材料，包括修剪后的树篱、杂乱的灌木、草类或硬质材料等。

合理使用植物的高度、形态、颜色、纹理等特征，构造景观空间。例如，大型树木可形成视觉屏障和遮盖空旷地带；成组种植模式可以突出植物的结构、层次和个别植物的特点，保持一定量的种类以及合理种植密度，让植物在成熟后融为整体，形成季节性景色。

使生物滞留设施融入景观的另一种设计方法是将其打造成为景点，同时可作为水流调节或水质处理的展现基地。增加观赏植物，巧妙设计落水管，创造亲水空间，设置喷泉和小瀑布等方式都有助于使生物滞留设施本身成为一道风景。

6.4.12　植物种植

（1）种类选择

生物滞留设施的植物种植应优先选择本土物种。本土物种的遗传优势明显，更加适宜本地气候和土壤类型，存活率高，可以减少维护需要，并且能为原生动物提供更好的栖息地等。

在此基础上，应考虑具备发达根系、生存能力强、能适应不同量级洪水和干旱的植物。所选植栽应具无擦伤、风损、冻害及其他缺陷，无病虫害。植栽最好能提前被"驯化"，以适应设施所在场地，通常的做法是在与现场类似的气候土壤条件下种植 1 ～ 3 个月。

（2）种植格局

生物滞留设施的种植格局宜以设施的功能发挥和植物对设施环境的适应性为依据，布置要点如图 6-11 所示。

生物滞留设施中心宜种植耐淹抗旱的植物，植物根系有助于巩固土

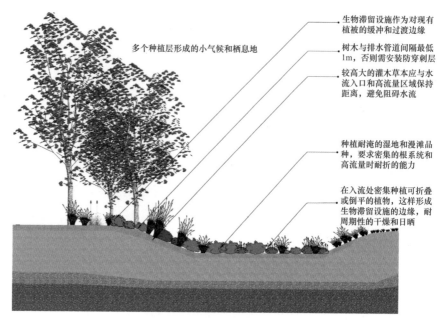

多个种植层形成的小气候和栖息地

生物滞留设施作为对现有植被的缓冲和过渡边缘

树木与排水管道间隔最低1m，否则需安装防穿刺层

较高的灌木草本应与水流入口和高流量区域保持距离，避免阻碍水流

种植耐淹的湿地和漫滩品种，要求密集的根系和高流量时耐折的能力

在入流处密集种植可折叠或倒平的植物，这样形成生物滞留设施的边缘，耐周期性的干燥和日晒

图 6-11　生物滞留设施的植被种植

壤和抑制杂草。耐旱植物宜沿生物滞留设施周边密集种植，形成边缘保护带。较高的灌木和草本植物可以有效净化水质，但如果将其种植于水流入口或出口附近，就可能会阻碍水流。

植物种植还应满足在大量径流通过时，植物可被冲平，使流量峰值顺利通过。平齐路肩的地方，植被高度宜低于路面，以避免沉积物在路面积累。一般来说植被（如草地）顶部宜比路面低 60mm 左右，土层宜比路面低 100mm 左右，植被底部到路面的空间可为生物滞留设施提供蓄水容积。

在街道和交通环岛的生物滞留设施还应保证植物的大小和形态不影响交通视线。根系发达的大型树木不宜种植在现有市政基础设施上，也不宜种在不方便维护的场地。当生物滞留设施面积大于 $10m^2$ 时，可构建多层次的植被，创建微型栖息地。

6.5　施工

为确保生物滞留设施不受其他工程活动的影响，其建造工作应在施工设备、材料土堆移除以及汇水范围稳定后开展。如果生物滞留设施在汇水区稳定前建造，应该用土工布覆盖并延迟栽种植被。同时，应在设施施工区域周围使用栅栏或建筑围栏，防止施工过程中生物滞留设施被重型机械压实。

（1）开挖

标准生物滞留设施的总深度一般小于 1.3m，最小深度为 0.6m。特殊情况下生物滞留设施的总深度会超过 1.3m，例如土壤深度至少为 1m 的生态树池。

对于深度超过 1.5m 的深坑，若边坡为非安全缓坡（地下水位以上安全斜坡的坡度为 1∶1），需要进行基坑支护。挖掘过程中可能需要对底部的土壤进行重新翻土，以提高土壤的渗透率。

（2）土工布衬垫

在使用土工布衬垫时，应仔细安装，以防止材料损坏。

（3）回填砾石

生物滞留设施排水管上方砾石层的铺装必须选用安全的回填工艺，避免砾石从高处倒下，可将砾石轻倒在排水管之上，然后再人工铺平。

（4）回填土壤

研究表明，许多生物滞留设施滞留过滤介质的渗透系数小于设计值，大部分原因在于回填材料不符合规范，回填过程中过滤层的过滤介质被过度压实。建议在施工过程中将土壤从 300mm 左右高度回填，并用反向铲轻微拍打以压实土壤。浇灌也可能造成土壤紧实，建议在初步土壤回填后，监测土壤的自然沉降过程，并在沉降稳定之后根据需要添加材料。

（5）加强侵蚀防护

生物滞留设施经过初期几场降雨的试行后，应对设施入口的侵蚀情况进行检查。系统正式运行的前期防护设施检查对生物滞留设施的侵蚀防治非常重要。如果发现侵蚀问题，必须加强侵蚀防护措施，压实积水护堤，应用防侵蚀材料和植被保证护堤不移位。

（6）种植

栽种前应先按照预定位置摆放好植物，避免根系经风吹日晒，尽量将其放置在阴凉处并及时浇水。为防止土壤堵塞，在某些情况下可能需要重新耙松种植土壤。根据设计要求，铺设不同类型的表面覆盖层，如堆肥、覆盖物、树皮、石头或上述材料的组合。

灌木和大型草类的间距宜为 1200mm，灌木和小型草类的间距取值宜介于 300～750mm。植被间距和密度依赖于植物种类和品种，种植方案的制定应遵循专业建议。

植物栽种后应立即浇水，无降雨情况下每周应浇两次水，直到植物根系稳固。在水分充足的条件下，生长季节的任何时间都可添栽新植物。

（7）施工验收

生物滞留设施施工验收时应检查设施的入口、预处理单元、各垫层以及出口高程是否达标。通过施工验收确保土方工程不会造成设施底部和过滤层出现局部凹陷，这对于雨水径流在处理系统表面均匀分布尤为重要。一般情况下，±50mm 的土方容差是可接受的。

（8）施工清单

施工清单如表 6-8 所示。

生物滞留设施施工清单　　　　　　　　表 6-8

一	前期工作	制定土壤侵蚀和泥沙控制计划
		制定临时交通管理和安全控制措施
		确保施工位置和图纸一致
二	土方工程	保证生物滞留设施有正确的形状和坡度
		斜坡坡度与图纸一致
		设施尺寸与图纸一致
		确认周围土壤类型与设计相符
		按设计规定安装衬垫
		按设计安装盲管
		按设计安装排水层、过渡层、过滤层
		核实滤料规格
		按设计安装过滤层厚度
		按设计进行压实
三	结构组件	确保挖掘的位置和水平与设计一致
		提供公众安全保障措施
		管道接头连接与设计一致
		混凝土和钢筋与设计一致
		正确安装入口
		安装进水侵蚀保护设施
四	植被	土方工程完成后立即进行稳固
		按设计种植（植被品种和密度）
		稳固现场前去除杂草
五	竣工图	按照设计进行建设

6.6 运行和维护

生物滞留设施应定期维护和保养，确保设施的雨水管理功能和园林景观效果。

科学的设计能够有效地减轻生物滞留设施的维护负担，并保持设施的雨水处理效率，例如限制汇水区不透水面积，设计便捷维护通道，设置预处理设备以及最大限度地利用本地植被等。科学施工也可以提高设施的维护效率，例如，施工过程中应确保现场及整个汇水区完全稳定之后，再种植植被，合理施工可以减少或避免很多维修问题。最后维护责任要划分清楚并达成一致，才能确保维护工作的有效开展。主要维护内容包括：

（1）植栽修剪

对生物滞留设施内的植物进行定期修剪维护，去除过剩或患病的枝叶。修剪下的材料可作为设施覆盖层材料回用，也可作为堆肥材料，或被运送至垃圾填埋场。

对乔木和灌木进行修枝、打薄或造型。通常情况下，树木的修剪工作应在冬末萌芽前进行，而开花灌木的修剪应在花谢后立即进行。特定物种的修剪方法可咨询园丁。

（2）灌溉

通常在植物成熟以后，若非干旱条件，可不为生物滞留设施浇水。但在植被生长初期需根据植物生长需求进行合理灌溉。

（3）除草

除草不是生物滞留设施维护的必要内容。但如果有植物入侵，使生物滞留设施的景观效应和生态功能降低，则应进行适当的除草工作，建议选用非化学方法（手拔和锄）的除草方式。

（4）病虫害检查与防治

定期对乔木和灌木进行病虫害检查，在植物的第一个生长季节应每周检查一次。昆虫和土壤中的微生物对维持土壤结构有着重要作用，应避免使用农药，防止伤害有益生物。宜使用生物、物理和化学控制方法相结合的方式来防治病虫害。

（5）覆盖层更换

为防止因覆盖物堆砌造成入口阻塞，前三个生长季应每6个月更换一次覆盖材料；植被成熟后，覆盖材料的更换频率可减少为每年添加一次覆盖层，每5年可更换新的覆盖物。

（6）积水检查与修复

生物滞留设施的设计积水时长不应超过 24h，但随着设施运行时间增长，种植土壤的渗透性可能会降低，设施表面的积水时长可能会增加。

如果设施积水经常超过 24h，表明设施可能已经不能正常工作，应采用简单的措施进行修复。设施积水通常是由表层堵塞引起的，维护措施一般为除去覆盖层，使用平底铲铲去表面 50mm 的介质，重新铺上新的覆盖层。

如果生物滞留设施已经经过数次积水修复维护工作，则需要在种植土壤中添加更多的过滤材料。必须指出的是严格遵守生物滞留滤料规范可以减轻积水的风险，并节省维修费用和精力。

（7）垃圾和杂物清除

进入生物滞留设施的径流可能携带有垃圾和杂物，应定期清除设施中的垃圾和杂物，保证生物滞留设施入口不被堵塞，维持设施景观效果。暴雨后需检查过滤层的排水路径是否被堵塞，另外需要定期清除路缘缝隙中积累的沉淀物和杂物。

（8）预处理单元

每 6 个月检查一次预处理单元，并按要求清除淤泥。

（9）维护时间表

为保证生物滞留设施长期有效的运行，需要进行周期性维护，制定维护时间表。

表 6-9 是新西兰奥克兰市根据实践采用的生物滞留设施维护周期建议，可作参考。

生物滞留设施维护周期表 表 6-9

	每月	每 6 个月	每 12 个月	每 5 年
除去杂草并换掉枯萎的植物；清除有毒 / 有害生物杂草及不良增长	√			
清除垃圾	√			
检查入口、出口和溢流口堵塞情况，清除累积的沉积物	√			
长期干旱时对植被进行观测和浇水	√	√		
修剪、打薄		√		
补给堆肥 / 覆盖物（前三个生长季）		√		

续表

	每月	每 6 个月	每 12 个月	每 5 年
检查过滤介质的积水和堵塞，清除积累的沉积物		√		
检查树木和灌木；替换任何枯萎或严重患病的植物		√		
冲刷 / 侵蚀显著的区域需检查侵蚀的迹象；检查溢流堰 / 井，并及时维修		√		
水池里积累的沉积物不超过容积的 50%		√		
检查并清除检查井、预处理单元的淤泥		√		
补给堆肥 / 覆盖物（前三个生长季之后）			√	
检查管道是否收窄 / 堵塞 / 失效			√	
如有必要，更换过渡层或过滤介质				√

6.7 计算示例

某地区的一个居民区建造了一个雨水花园，其总汇水面积 1000m²，其中 200m² 为不透水面积。

① 水质保护容积对应的降雨量：90% 的场次日降雨量，27mm；

② 根据本书附录 2，分别计算透水区域和非透水区域的径流量，（WQV）= 8.01m³；

③ 最小有效容积 = 0.4×8.01 = 3.2m³；

④ 设施面积（按 100% 水质保护容积要求）：

$$A_{f} = \frac{(WQV)\,d_{f}}{k\,(h+d_{f})\,t_{f}} = \frac{8.01\text{m}^3 \times 1\text{m}}{(0.3\text{m}/\text{d}) \times (0.11\text{m}+1\text{m}) \times (1\text{d})} = 24.0\text{m}^2$$

7 下渗设施

下渗设施是将城市雨水从地表通过下渗引导到下层土壤的排水设施。雨水调蓄和滞留设施主要是将雨水排到河湖等地表水中，而下渗则是把地表水导入到地下水，从而实现源头削减。

本书中的"下渗设施"主要指以下渗功能为主的海绵设施，包括下渗管/渠、下渗井以及透水铺装。在一定程度上，雨水花园、植草沟、雨水塘、人工湿地等设施也具有下渗功能，但这些设施的主要功能还是滞蓄、净化等，故不在本章讨论。

7.1 设施类型

7.1.1 下渗管/渠

下渗管/渠是具有渗透功能的雨水管/渠，可采用穿孔塑料管、无砂混凝土管/渠和砾（碎）石等材料组合而成。下渗管/渠常利用传统雨水排放管渠改造而成，将明渠或雨水管加上盲管，在其周围用砾石覆盖；降雨时，雨水进入盲管或渗透渠，通过多孔管材向土壤层渗透扩散。下渗渠也可以利用砾石回填的低坑、浅沟收集雨水径流，雨水在低坑中会根据渗透条件慢慢地渗入到下层土壤中。下渗管/渠构造示意如图7-1。

下渗渠一般填充石子、火山渣、砾石和沙砾。一般来说，下渗渠适用于空间有限的地方。雨水径流储存在沙石的空隙中，储存的雨水总量一般是总体积的30%～40%。火山渣具有较高的孔隙率，一般在50%左右。雨水会通过下渗渠侧壁或者底部渗透到泥土中。

占地面积小是下渗管/渠的主要优势所在，容易在城区或居住小区内

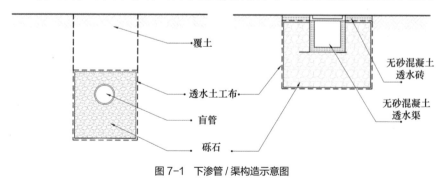

图7-1 下渗管/渠构造示意图

应用，可单独设置使用，也可和雨水管网、渗透井等联合使用。其缺点在于使用时必须保持管道畅通，维持良好的渗透性，一旦渗透能力下降或发生堵塞，地下管道的清洗修复难度较大。

7.1.2 下渗井

下渗井与下渗渠相似，都是通过地下空隙使雨水慢慢地渗透到土壤里，从而提供径流消纳功能。下渗井通过井壁和井底进行雨水下渗，为增大渗透效果，可在渗井周围设置水平渗管，并在渗管周围铺设砾（碎）石，其构造示意如图 7-2 所示。

下渗井分为深井和浅井两类，水量大而集中且水质好的地区可采用深井，浅井作为分散渗透设施在城区常用。浅井在形式上类似于普通检查井，浅井的井壁和底部均透水，在井底和四周铺设碎石，由于碎石存在空隙，雨水会向四周渗透。深井或浅井设计需要根据地下水位和地质条件。

占地面积和所需地下空间小是下渗井的主要优点，集中控制管理十分方便，建设和维护费用较低。但净化能力低，入水水质要求高，水量控制作用有限也是它不可避免的缺陷，进入下渗井的雨水不能含过多的悬浮固体，雨水进入下渗井之前需进行预处理。

7.1.3 透水铺装

20 世纪 80 年代以来，国际上开始使用透水沥青、透水地砖等渗透性能较好的透水材料对硬化路面进行改造。透水铺装增大了路面的透水和透气性，使雨水通过路面渗入地下，起到削减径流、补充地下水的作用。

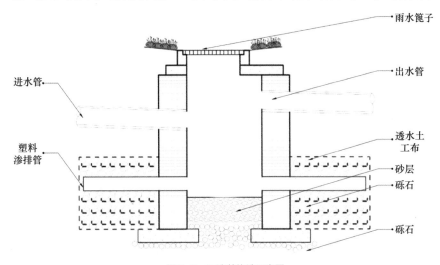

图 7-2　下渗井构造示意图

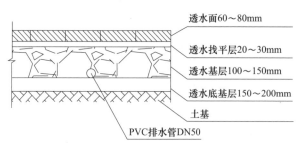

图 7-3　典型透水铺装构造示意图

透水铺装适用区域广、施工方便，还具有一定的雨水净化作用，但易堵塞，寒冷地区更有被冻融破坏的风险。

透水铺装的结构一般包括4层：底基层、基层、找平层、面层（图 7-3）。其中基层材料多为沙砾、碎石、多孔隙水泥稳定碎石等，具有滞留雨水的作用；面层材料应具有良好的透水性，如多孔沥青及多孔混凝土。当透水铺装设置在地下室顶板上时，其覆土厚度不应小于600mm。透水铺装结构应符合《透水砖路面技术规程》（CJJ/T 188）、《透水沥青路面技术规程》（CJJ/T 190）和《透水水泥混凝土路面技术规程》（CJJ/T 135）的规定。

按照面层材料的不同，透水铺装可分为透水砖、透水混凝土和透水沥青。植草砖及园林铺装中的鹅卵石、碎石铺装等也属于透水铺装。

透水砖是以无机非金属材料为主要原料，经成型加工后制成的具有较大透水性能的地砖，如方格砖，由水泥制成，而中间的空隙处则填满了可透水物质（沙或砾石）。透水沥青面层材料一般为多孔沥青混合料（PAC），为提高其渗透能力，稳定支撑能力以及保证足够的强度，通常在 PAC 中加入其他混合料，使其具有较小的孔隙率及较大的热阻性能。相较于普通路面，透水沥青除了能够减轻城市排水系统的压力、补充地下水外，还能降低车辆行驶的噪声、提高路面抗滑性能以及改善路面反光，是环境友好、生态绿色的渗透设施。

7.2　适用条件

使用下渗设施控制雨水径流时，必须综合考虑当地气候、水文地质及土地利用条件。相比雨水塘、人工湿地等滞蓄设施，下渗系统更容易堵塞，因此场地的适宜性评估非常重要，同时应增加防堵塞、反冲洗手段，减少进入下渗设施的泥沙。

下渗管／渠适用于小区及公共绿地等径流传输流量较小的区域，尤其是用地比较紧张、表层渗透性差而下层透水性好的场地，也可用于老旧排水系统改造项目。使用下渗管／渠时要求土壤渗透系数大于 5mm/h，且距地下水水位有 1m 以上保护层。下渗管／渠不适用于地下水位较高、径流污染严重以及有结构塌陷风险等不宜进行下渗的区域。

下渗井适用于小区内建筑、道路及停车场的周边绿地。当下渗井应用于径流污染严重、设施底部渗透面距离季节性最高地下水位或岩石层小于 1m、距离建筑物基础小于 3m（水平距离）的区域时，应采取必要的措施，防止次生灾害发生。

透水砖因其强度及抗压性的限制，多铺设在住宅小区、人行道、广场、停车场、公园等场所，最理想的应用区域是车流量较少的道路或偶尔使用的停车场，以及渗透率大于 3mm/h 的区域。透水混凝土主要适用于广场、停车场、人行道以及车流量和荷载较小的道路。透水沥青普遍用于机动车道。与草地相结合的孔型植草砖、透水连锁砖以及粒径均匀的细碎石或卵石适用于公园、庭院等路面。

透水铺装应用于以下区域时，还应采取必要的措施防止次生灾害或地下水污染：

① 可能造成陡坡坍塌、滑坡灾害的区域，湿陷性黄土、膨胀土和高含盐土等特殊土壤地质区域；

② 使用频率较高的商业停车场、汽车回收及维修点、加油站及码头等径流污染严重的区域。

7.3 计算方法

下渗设施的计算方法基于达西定律，此定律常用于计算通过多孔介质的水流。考虑到存在下渗设施部分堵塞的可能性以及侧墙下渗能力有限的情况，计算中只采用底部区域面积作为下渗面积。

设施面积（A_s）和渗透容量（V_t）的计算过程如下：
① 计算水质保护指标对应的设计雨量以及水质保护容积；
② 根据水质保护容积，计算设施尺寸，保证径流（包括设施表面的降雨）在 48h 内完全渗透。

$$A_s = WQV/(f_d \times i \times t - p) \tag{7-1}$$

其中，A_s：设施面积（m^2）；

WQV：水质保护容积（m³）；

f_d：渗流速度（m/h），实测下渗率乘以安全系数 0.5；

i：水力梯度，假定为 1；

t：渗流时间（h）从满流计算，最大 48h；

p：水质保护容积对应的设计降雨量深度（m）。

③ 确定需要提供 37% 渗流容积的储水空间。

$$V_t = 0.37 \times (WQV + pA) / V_r \qquad (7-2)$$

其中，V_t：设施下渗层填料容积，即渗透容量；

V_r：孔隙率，通常为 0.35（火山渣为 0.50）。

7.4　设计要点

7.4.1　现场调查

设计下渗设施之前，必须进行以下现场调查。

（1）场地基本情况

场地基本情况调查包括以下内容：

① 下渗系统周边 150m 范围内的地形；

② 场地使用情况；

③ 距下渗系统 150m 范围内是否有水井及其位置；

④ 了解现场的地质情况，包括土壤和岩石结构；掌握地下水动态和地质历史的情况。除非最高地下水位远远低于下渗系统，否则需安装地下水监测井来观测季节性地下水位变化。

（2）测试坑/孔

对于下渗渠来说，每隔 15m 应至少有一个测井，这些井的深度应至少为渠深的 2.5 倍。对于下渗井来说，至少应有一个测井。对于组块式多孔路面来说，每 500m² 渗透面积须设计一个测井，测井深应至少是路面地基深度的 2.5 倍。

如果岩土工程师判断场地地质多变，那么必须增加测井的深度和数量，并增加提取的样品量，以便更准确地评估下渗系统的性能。如果岩土工程师判断场地的地质相对稳定，那么可以适当减少测井或提取的样品数量。

必须为每个测井制作详细的日志记录，包括测井的深度、土壤情况、水深、到基岩的距离或到不透水层的距离，以及土壤分层等信息，并且在地图上标明测井的位置。

（3）渗透率确定

拟建场地的渗透率应通过场地渗透测试确定，为下渗系统设计做好准备。

① 在下渗设施拟建场地挖一个比拟建设施底部还要深 1.5m 以上的测试坑。尽量降低边坡斜度，以避免在测试过程中出现边坡侵蚀和滑坡。

② 测试坑底部的面积应该至少达到 $1m^2$。

③ 在坑底中心安装一个至少 1.5m 长的垂直测杆标记，最小刻度为 10mm。

④ 用一个底部加防溅板的直径为 150mm 的刚性管将水引入测试坑底部，以减少边坡侵蚀和底部积水的干扰。

⑤ 加水时，其速度应该刚好能使坑里的水位维持在 1 ～ 1.25m 上下。如有条件，用转子流速计可用于测量水流入坑的流速。

⑥ 每隔 15 ～ 30min，记录管道内水流的累积流量和维持相同水位的瞬时流量（L/min）。

⑦ 持续加水至少 17h，或是直到坑中水位维持不变，入坑流量恒定（固定流量）后 1h 停止加水。

⑧ 在加水 17h 或是入坑流量稳定后 1h 关水，然后从测量杆上测量渗透率（mm/h），直到坑内无水为止。

⑨ 实际操作中因为局部堵塞可能导致入渗率降低，应将得到的入渗率乘以校区系数 0.5，用这个数值来作为设计渗透率。

除了现场测试之外，还可以根据土壤数据分析、参考相关文献等方法得出场地渗透性。根据美国农业部的土壤研究，确定土壤类别（图 7-4），其中，砂土的直径定义为 2000 ～ 50μm，黏土的直径小于 2μm，得出可参考的渗透率。

如果稳定渗透率大于 1m/h（按上述步骤⑧测量的结果），则应视为渗透率过大，无法有效地进行水质处理，需要增加预处理单元。

7.4.2 下渗管 / 渠设计要点

通常，PVC 穿孔管和钢筋混凝土穿孔管是下渗管的首选，也可使用无砂混凝土等材料。下渗管 / 渠的开孔率应控制在 1% ～ 3% 之间，其四周用多孔材料或砾石等填充；使用砾石填充时，砾石需外包土工布，使土粒不能进入砾石空隙，避免发生堵塞，保证渗透顺畅，土工布搭接宽

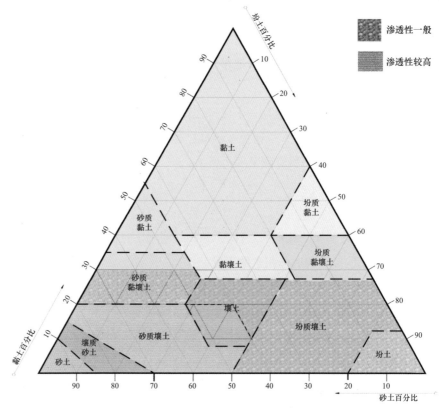

图 7-4　美国农业部定义的土壤质地三角图

度应高于 150mm。在实际使用时，为弥补地下盲管不便管理的缺点，可以采用地面敞开式渗沟或带有盖板的渗透暗渠，以减少挖深和土方量。下渗渠可采用多孔材料制作，或做成自然的植物浅沟，底部铺设透水性较好的碎石层，特别适用于沿道路或建筑物四周的区域。

下渗管 / 渠的敷设坡度应满足排水的要求，设在行车路面下时，覆土深度不应小于 700mm。由于雨水进入下渗管 / 渠前不能通过表层土壤的净化功能进行初步净化，所以对于进入下渗管（渠）的雨水水质有一定要求，应当进行一定程度的预处理，可设置植草沟、沉淀（砂）池等设施，以降低或去除雨水中的悬浮固体。典型下渗渠设计细节如图 7-5 所示。

7.4.3　下渗井设计要点

下渗井的设计如图 7-6 所示，应满足下列要求：

① 雨水进入下渗井前，应通过植草沟、植被缓冲带等设施对雨水进行预处理。

② 下渗井的出水管管内底高程应高于进水管管内顶高程，但不应高于上游相邻井的出水管管内底高程。

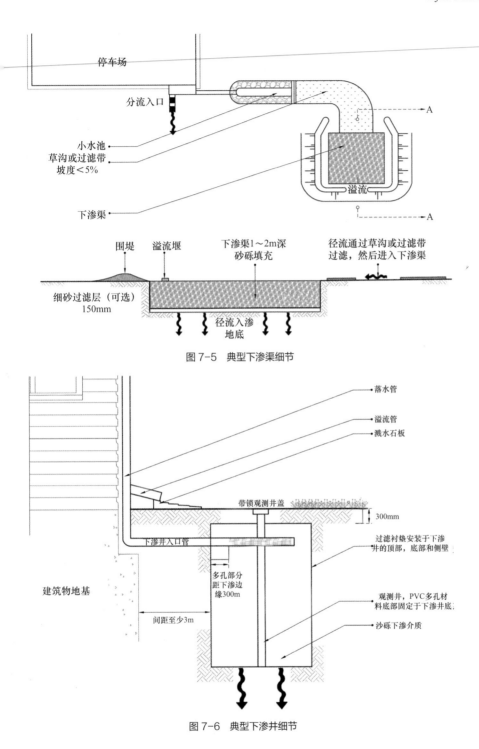

图 7-5 典型下渗渠细节

图 7-6 典型下渗井细节

③ 下渗井调蓄容积不足时，也可在下渗井周围连接水平渗管，形成辐射渗井。

设计时可以选择将雨水口及雨水管线上的检查井、结合井等改造为下渗井，渗井下依次铺设砾石层和砂层。将雨水检查井改造成为下渗井有两种做法：

① 主要改造井底，增加底部扩散能力，改造较为简单，通常在渗透雨量较小时采用。

② 井壁及其连接雨水管可采用透水性材料，这会大幅提高渗透能力，但要注意渗透对周边建（构）筑物地基的影响。

7.4.4　透水铺装设计要点

根据当地的降雨量及气候条件设计铺装面积及材料。雨水径流量随着降雨重现期以及降雨历时的增大而增大，当降雨量增大到透水铺装渗透效率的最大限值时，整个铺装的透水能力将迅速减小，因此应设计不同的铺设材料、方式及铺设面积以应对不同强度的降雨量。铺装材料应具有保水性、透水性、吸水率、耐摩擦性以及安全性。按照行业标准，保水性应不小于 $0.6g/cm^2$。

透水铺装结构分为底基层、基层、找平层和面层 4 层，应综合考虑地面功能、地基基础、投资规模等因素选择。透水铺装找平层和基层的渗透系数必须大于面层。铺装地面应满足相应的承载力要求，北方寒冷地区还应满足抗冻要求。

透水铺装面层应满足下列要求：面层厚度宜根据不同材料、使用场地确定，如透水砖、透水混凝土、透水沥青、嵌草砖、碎石铺砖、结构型透水铺砖；透水面砖的有效孔隙率应不小于 8%，渗透系数应不小于 $1\times10^{-2}cm/s$，透水混凝土的有效孔隙率应不小于 10%。

透水找平层应满足下列要求：渗透系数、有效孔隙率不小于面层；厚度宜为 20～50mm。

透水基层应满足下列要求：渗透系数、有效孔隙率应大于面层；透水基层厚度应根据蓄存水量要求及蓄存雨水排空时间确定；底层土透水能力低于 1.27cm/h 时，应在透水铺装的透水基层内设置盲管，盲管可以采用经过开槽或者穿孔处理的 PVC、HDPE 管，盲管直径和开孔的数量、大小应结合蓄存水量、排空时间、基层渗流速度等因素通过计算进行确定；透水基层与建筑物、饮用水源、地下水位之间应保证一定的安全间距，如受条件限制不满足要求，应采取相应的防渗措施。

透水底基层应满足下列要求：渗透系数、有效孔隙率应大于面层；透水底基层厚度一般不宜小于 150mm。

根据当地的土壤渗透性能及地表坡度进行透水铺装竖向设计，以确保面层能够将设计标准值内的降雨量完全渗透，避免表面积水。同时面层底部必须尽可能水平，以保证径流可以均匀地渗透到路基土壤中去。

基层排水时间在 24 ～ 48h 范围内，最长不超过 72h，时间过长容易导致内部蓄积雨水从而造成失稳以及底部缺氧。为了预防超过设计重现期的暴雨或特大暴雨造成的超出路面渗透能力的现象发生，透水系统应设置溢流系统，将超出部分的雨水安全地排放至下游排水系统中。

为充分发挥透水砖的集水作用，应保证以下条件：

① 透水路面应有一定的坡度（不大于 2%），以防止表面积水及颗粒物沉积；当透水路面坡度大于 2.0% 时，沿长度方向应设置隔断。

② 为防止路面集水系统堵塞，通常透水路面不宜接受不透水路面汇流的雨水。

透水铺装 / 路面应用于以下区域时，还应采取必要的措施防止次生灾害或地下水污染的发生：

① 可能造成陡坡坍塌、滑坡灾害的区域，湿陷性黄土、膨胀土和高含盐土等特殊土壤地质区域；

② 使用频率较高的商业停车场、汽车回收及维修点、加油站及码头等径流污染严重的区域。

透水铺装对道路路基强度和稳定性的潜在风险较大时，可采用半透水铺装结构。当土地透水能力有限时，应在透水铺装的透水基层内设置排水管或排水板。当透水铺装设置在地下室顶板上时，顶板覆土厚度不应小于600mm，并应设置排水层。典型透水铺装多孔路面细节如图 7-7 所示。

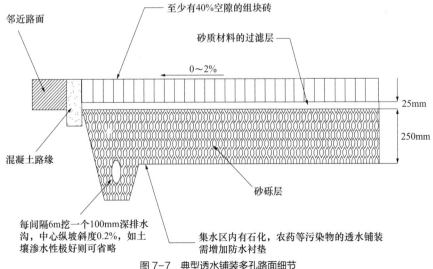

图 7-7   典型透水铺装多孔路面细节

7.5　施工

合理施工对于下渗设施的良好运作非常重要。下渗设施容易被工地上产生的沉积物堵塞。此外，在施工后期，刚完成绿化区域的过量沉积物可能会随降雨径流流到下游，堵塞下渗设施。因此防止沉积物从施工场地进入下渗设施至关重要。

7.5.1　施工准备

在施工现场确认下渗设施的尺寸和地点。确认下渗设施到建筑物地基、化粪池和水井等距离。

为保持土基的天然入渗率，开挖前应该防止重型施工设备压实下渗设施所在场地。下渗设施的位置应清楚地标记在工地上，尽最大可能使车流避开这部分区域。

下渗设施建设场地不应用作施工期间的临时沉积池。如果必须用其来控制泥沙，那么该沉积池的底部应该至少比下渗设施设计底部高300mm。如果由于细沙沉淀而使该场地形成一个水池，那么应先让池子放干水，待干透后再挖掘到设计的深度。如果在没有干透的情况下移走沉积物，可能会导致剩余的水浑浊，细沙仍有可能会残留在水里从而降低底部土壤的透水率。

在上游区域的排水设施没有完成前，不应该进行下渗设施的施工。

7.5.2　施工要点

挖掘时应使用反铲挖沟机或是多斗挖沟机，不应使用后挖前卸式挖装机，因为它的挖斗会使渗透表层的泥土封实。透水铺装施工时，在土路基准备过程中，应小心挖掘，避免泥土被过度压实，所有挖掘工作应由宽底机器设备完成。

尽量把挖出来的泥土放置在离下渗设施较远的地方，以减少塌方的风险，同时也可以防止回填沙砾后，挖出的泥土再次落入下渗设施。

检查下渗设施底部和两侧，移除类似树根等杂物，避免杂物刺穿或撕裂过膜。

土基挖掘完成后，在下渗设施底部和两侧放置过滤膜。设计图里应指定过滤膜的类型。位于两侧的过滤膜会阻止泥土从两侧进入下渗设施，同时底部的过滤膜能防止沙砾层底部被泥土密封。在铺设过滤膜时，应该使用足够的材料，使过滤膜在下渗设施的顶部重叠。

在施工时设置保障措施，以减少后期维修的问题。例如为了维护方便，可以在下渗渠下方300mm处增加透水土工布。透水土工布的作用是维持底层石子的清洁。若积水一直在下渗设施的表面存在，在下渗渠上方使用这种设计可避免更换整个石床。

透水铺装施工时应根据设计深度来安装储水层，一般由干净的石子组成，石子之间的孔隙率应该在30%～40%之间。从300mm高度倒入储水层石子，然后轻轻地压紧。在石子上均匀地撒上沙砾，用水冲洗过的沙砾作为洒在储水层上的过滤层，沙砾尺寸大概在10～20mm之间，最后铺设面层。

在铺设沙砾材料之前应该检查并确保沙砾材料是干净无杂物的。材料颗粒尺寸应该与设计一致。铺设完沙砾以后，下渗设施上还应该覆盖一层保护膜，防止施工场地上的泥沙进入其中。

在下渗渠/井中安装一个观测井，以便将来观测该系统是否按照设计要求运行。观测井一般为直径100～200mm的多孔聚氯乙烯管道。

合理安排施工时间及顺序，以确保下渗设施的及时回填和遮盖，避免沙石进入，也可阻止沉积物进入正在施工的可渗透路面区域。下渗设施建成之后，应及时恢复周边区域植被。下渗设施溢水应引入无侵蚀的排水渠内。

安装预处理设备，如植草沟等设施，使雨水在进入下渗设施之前先去除悬浮物杂质。

安装沉砂沟和细网筛，以防止杂物通过落水管和下渗井的进水口进入沙砾层。如预处理屋顶雨水，则可安装滤筛于屋顶檐槽之上，以防止屋顶的树叶、松针等堵塞沉砂沟和细网筛。

7.5.3 竣工验收

需要准备竣工图以核查施工是否按照标准完成，竣工图需要包括以下内容：

①设施的尺寸符合施工图设计尺寸；

②防水土工布符合规格；

③沙砾材料尺寸为规定大小；

④观测井按要求安装；

⑤所需的预处理设施按要求安装；

⑥ 汇水区已稳定；

⑦ 设施的过滤层、面层等结构按要求安装。

7.6 运行和维护

下渗设施的维护一般涉及两个方面：

① 堵塞问题；

② 积水问题。

如沉积物进入渗透设施，封住下渗表面，会引起设施堵塞。过多的油脂类物质进入系统，或者长时间积水导致微生物生长，也会引起堵塞。不管什么原因造成的堵塞，都会使整个系统失效而造成长期影响。堵塞意味着渗入泥土的雨水减少，而进入溢流系统的雨水增加，可能产生长时间积水，从而在夏季滋生蚊虫。在每次暴雨过后，都必须清干渗透系统里面的水，以帮助设施发挥最大的雨水管理功效，将渗透率恢复到设计程度。

如果下渗设施完全堵塞，维修起来将会非常困难。维修时整个系统应该先放干水，使其干燥，然后再开始清除沉积物。如果清理沉积物时有积水存在，一些细微的沉积物会混杂在水中形成悬浮物而无法清除。这些细小的沉积物会继续堵塞下渗设施，并且这种悬浮状态会一直持续，直到允许沉淀的静态条件达到为止。这样下渗设施将永远不能达到设计的下渗率。

积水问题也有可能是季节性高地下水位或者附近的地下水流入下渗设施所造成。维护时必须检查无雨时设施内是否积水。

如果由于高地下水位、地下水浸入造成长期积水，或者设施存在顽固性堵塞，则需要考虑将下渗设施转变为具有储水功能的其他海绵设施，如湿塘、人工湿地，或者安装一个排水口来避免季节性或是永久性积水。如果需要做这些改动，则必须进行详细的调查，并咨询相关部门，以确定设施的改建可获批准。在这种情况下，未来的维护将根据新设施来执行。

7.7 计算示例

本案例是一个占地面积 0.5hm^2，下垫面为 50% 不透水地表和 50% 草皮壤质土的商业地块。水质保护容积对应的降雨深度为 27mm。实测渗透率为 14mm/h，使用二分之一下渗速率以确保安全，即 7mm/h。土壤是粉沙壤土。

① 根据附录水文计算方法，计算得出：

透水区域的径流深度为 4.4mm；

透水区域的径流量为 11m³；

不透水区域的径流深度为 2.7mm；

不透水区域的径流量为 57m³。

② 设施面积：

$$A_s = \frac{WQV}{((f_d)(i)(t) - p)} = 68 \text{ m}^3 / (0.007 \text{m/h} \times 1 \times 48 \text{h} - 0.027 \text{m}) = 220 \text{m}^2$$

③ 设施下渗层容积（取容积率 0.35）：

$$V_t = 0.37(WQV + pA)/V_r = 0.37(68 \text{m}^3 + (0.027 \text{m} \times 220 \text{m}^2)/0.35 = 78 \text{ m}^3$$

需要的最小深度为 78m³/220m² = 0.355m。

8 雨水塘

雨水塘作为低影响开发设施在国外已经使用多年，最初主要用于调控水量，近期则广泛用于净化雨水水质。

雨水塘可有效削减较大区域的径流总量、峰值流量和径流污染，也是城市内涝防治系统的重要组成部分，在许多国家得到了广泛的应用。雨水塘有一定的调蓄能力，可有效地削减洪峰，减少径流体积，减缓地表径流流速，同时还能大量补充地下水，补给溪道基流。从净水功能角度讲，雨水塘既可以通过物理沉淀作用去除雨水中的颗粒物，又可以通过土壤、填料、植物的渗透、过滤和吸附能力，吸收雨水中的溶解性污染物，从而达到对雨水进行净化的目的。但雨水塘占地面积大，且对设计管理要求较高，设计管理不当会发生水质恶化、蚊虫滋生和池底堵塞等状况，导致渗透能力下降。

8.1 设施类型

雨水塘主要分为干塘和湿塘两种类型。干塘可以有效削减峰值流量，建设及维护费用较低，可利用下沉式公园及广场等建设，但水质处理的性能较湿塘差，功能较为单一。湿塘水质处理能力较强，多结合景观水体进行建设。

8.1.1 干塘

干塘（图8-1）在暴雨前通常没有积水，暴雨时则可以暂时储存雨水径流，控制径流峰值和排放速率，并在滞蓄雨水的过程中实现一定的水质处理。

干塘一般由进水口、调节区、出口设施、护岸构成，也可通过合理设计使其具有渗透功能，起到一定的补充地下水的作用。

8.1.2 湿塘

湿塘（图8-2）指具有雨水调蓄和净化功能的景观水体，其主要的补水水源就是雨水。湿塘有时可以结合景观绿地、开放空间等场地设计为

图 8-1 雨水干塘示意图
（图片来源：https://commons.wikimedia.org/
wiki/File：Lalabagh_Fort,_dry_pond_01.jpg）

图 8-2 雨水湿塘示意图

多功能调蓄水体，即平时发挥正常的景观、休闲、娱乐功能，暴雨发生时发挥调蓄功能，实现土地资源的多功能利用。

湿塘一般由进水口、前置塘、主塘、溢流口、护坡及驳岸、维护通道等构成。前置塘作为预处理设施，可以去除大颗粒的污染物并减缓流速。在有降雪的城市，还应采取弃流、排盐等措施防止融雪剂侵害植物。

8.2 适用条件

由于雨水塘占地面积较大，一般用于小区中心绿地，与广场、绿地结合起来，形成水面景观。雨水塘可有效补充地下水，削减峰值流量，建设费用较低，但对场地条件要求较严格，后期维护管理要求较高。当雨水塘承纳的径流污染严重、设施底部渗透面距离季节性最高地下水位或岩石层小于 1m 时，应采取必要的措施防止发生次生灾害。

8.3 计算方法

雨水塘的规模视水量和地形条件而定，必要时也可以几个小塘联合使用。雨水塘断面可以是矩形、梯形、抛物线形等。对一个给定的汇水区进行配套的雨水塘设计时，考虑的设计参数应该包括雨水塘的容积、表面积、深度、流速和停留时间。根据处理功能的不同，设计指标包括水质保护、生态缓排、峰值控制（一般规定开发后 2 年一遇以及 10 年一遇的暴雨洪峰流量与开发前相同频率暴雨洪峰流量保持一致）。

典型雨水塘结构如图 8-3、图 8-4 所示。

雨水塘的尺寸及出水口设计可通过模型计算，也可以根据以下步骤

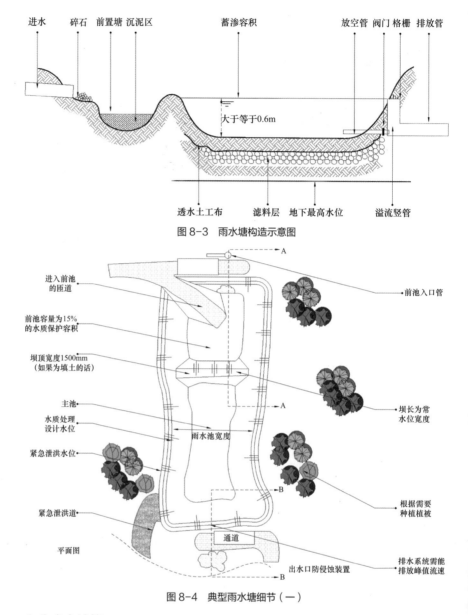

图8-3　雨水塘构造示意图

图8-4　典型雨水塘细节（一）

和公式来计算。

第1步：水质保护容积的估算。根据水质保护指标对应的设计降雨量，分别计算透水与不透水区域的径流量。汇流时间应该最少考虑10min，即0.17h。

第2步：将以上水质保护容积的50%作为死容积（如果雨水塘考虑生态缓排容积）。

第3步：根据生态缓排指标对应的设计雨量计算所产生的净雨量和集水区产水量，确定需要存储24h或更长时间的径流量。

第4步：保守估计雨水塘中始终能存储水质保护容积以及生态缓排容

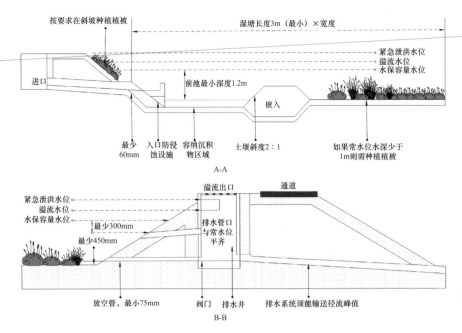

图 8-4　典型雨水塘细节（二）

积的水量（实际情况不会如此，因为出水口会在24h后将这些雨水排出）：

① 计算平均排水流量 Q_{avg} ＝体积／时间；

② 当位于最大生态缓排容积水位时，将最大排水流量假设为 Q_{max} ＝ $2(Q_{avg})$ ；

③ 通过试算，确定为实现24h以上缓排，设置于常水位处（即死容积相应水位）出水口的孔口面积（ A ）：

$$Q_i = 0.62A(2gh_i)^{1/2} \qquad (8\text{-}1)$$

其中， h_i ＝水位差＝生态缓排容积水位－（常水位＋ $D/2$ ）， D 为孔口直径。

其他海绵设施考虑生态缓排容积时，都可基于这种类似的开孔方法计算。

各种类型的出水口设计细节如图8-5所示。

第5步：实现消峰功能，即雨水调节的排水控制设施规模。如2年和10年一遇暴雨雨水管理。

将应对2年一遇降雨的出水口的底部高程设置为生态缓排容积的水面高程（基于第4步中提到的水位—容积表）。

常规出水口的形式可能包括跌落式进水口结构、宽顶堰、梯级堰或明渠堰。雨水塘需控制2年和10年一遇频率的暴雨所产生的径流峰值，其排水量由下列公式决定。

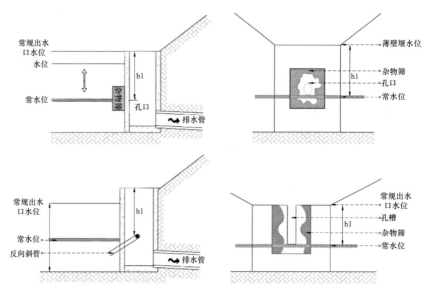

图8-5　雨水塘不同的出水口类型

① 跌落式进水口

对于适中的流量，可利用圆管竖井作为进水口，雨水溢流后跌落进入竖井中，竖井顶端可以视为一个圆形的薄壁堰。可利用圆管周长、堰上水头（h_{ii}）和薄壁堰流量计算公式计算流量：

$$Q_{ii}=3.6\pi R h_{ii}^{3/2} \tag{8-2}$$

其中 R 为进口的半径。

对于入口为矩形的薄壁堰：

$$Q_{ii}=7.0 w h_{ii}^{3/2} \tag{8-3}$$

其中 w 是矩形薄壁堰内边的边长。

这些公式只适用于 $h_{ii}/R \leqslant 0.45$（或对于矩形薄壁堰，$h_{ii}/w \leqslant 0.45$）的情况。当 $h_{ii}/R > 0.45$ 时，堰被部分淹没，如果 $h_{ii}/R > 1$，则进水口被完全淹没，进水口阻力等同于管道的入口局部阻力，通常：

$$h_{ii} = k \left(v^2/2g \right) \tag{8-4}$$

其中 v 是在流量 Q_{ii} 时的流速，根据进口形式的不同，常用 k 值为 $0.5 \sim 1.0$。

对于圆形入口来说：

$$v = Q_{ii}/\pi R^2 \tag{8-5}$$

根据设计流量和所选的管道半径，水头（h_{ii}）可以通过相应的公式计算。如果水头高于预期，可以使用较大的出口。

水流快速进入跌落式进水口可能会造成负压，进而对进水口结构造成损害，应考虑适当扩大跌落式进水口连接的落水井管径。建议落水管

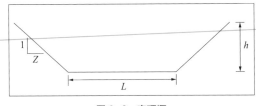

图 8-6　宽顶堰

的尺寸应设计为，当以最大流量（Q_v）紧急泄洪时，排水流量为满流时的75%。对于出口管设计，可以根据标准的管道摩擦阻力和管道出口损失计算，确定所需的排水管管径大小。

跌落式进水口应安装杂物拦截筛或网格笼以收集树叶等杂物或垃圾。

② 宽顶堰

作为常规出水口的宽顶堰（图 8-6）一般要比紧急泄流堰窄。常规出水口宽顶堰应设置在远离紧急泄洪道的位置，或者如果有足够的侵蚀保护措施，可以安装在比紧急泄洪道泄流堰顶部更低的位置。

水流可通过独立的水槽流入一个跌水池或流入有消能装置的区域，也可使用一系列阶梯式溢洪道。在计算堰的宽度时，堰前雨水塘水位（h_{ii}）的变化由下列公式得出：

$$Q_{ii}=1.7Lh_{ii}^{3/2} \tag{8-6}$$

③ 明渠堰

明渠堰的出水口设计使用于较浅的雨水塘，可以通过开挖防水堤来建渠。

出流量可通过堰来控制，可以参考薄壁堰的公式进行近似的计算：

$$Q_{ii}=1.8Lh_{ii}^{3/2} \tag{8-7}$$

其中 Q_{ii} 为设计流量，h_{ii} 是紧急泄洪道设计堰启用时的堰上水头，L 是堰的宽度。出口渠道应该足够大，以确保水位低于设计流量相应的雨水塘水位（h_{ii}）（从而避免回水效应）。出于安全考虑，该明渠可能需要遮盖。

第 6 步：紧急泄洪道设计

紧急泄洪道通常被设计成一个梯形的通道，其大小可以按照下列公式试算：

$$Q_{ii} = 0.57（2g）^{1/2}（2/3Lh^{3/2} + 8/15zh^{5/2}） \tag{8-8}$$

其中，Q_{ii}：泄洪道设计流量；

　　　　L：泄洪道底部水平宽度；

　　　　h：设计流量的相应的水深；

　　　　Z：水平 / 垂直边坡坡度（建议取值为 3）。

8.4　设计要点

8.4.1　应用方式

（1）在线与离线

离线的雨水塘不设置于常年水道中，一般在水道的旁侧。在线雨水塘则位于河流上，有常年流量，其对河流本身也有着显著的影响。在线雨水塘可能改变河流的地貌和生物特征，这些改变可能对河流的自然特性和功能产生不利影响。

（2）单塘与多塘

研究表明，多个串联雨水塘并不比等体积的单一雨水塘更有效。当必须使用两个或两个以上的串联雨水塘时，为了抵消沉积物去除率的损失，多个串联雨水塘的总容积应该设计为单一雨水塘容积的1.2倍。如果没有具体的场地限制，单个雨水塘是首选。

8.4.2　平面形状

建议雨水塘长度与宽度的比例设为3∶1或更大，以增大其沉淀率。此外，设计时还应考虑现有的地形轮廓。通常，遵循现有地形轮廓进行设计可使雨水塘看起来更自然、美观。

8.4.3　水底地形

地形设计是雨水塘设计至关重要的一部分：等高线将确定可用的调蓄空间、可种植的植物品种以及将来雨水塘中的雨水流向。基于安全而建的缓坡，可为不同植被提供种植的区域。

8.4.4　出口设计

雨水塘里有两个主要的出口：常规出水口和紧急泄洪道。图8-7展示了不同出水口、水位及各种结构元素。

8.4.4.1　常规出水口

常规出水口应能外排超过生态缓排容积的流量，以及2年和10年一遇的暴雨径流量。此外，常规出水口底部也应设有闸阀，以确保雨水塘在维修过程中的排水。

生态缓排容积出口的直径不得小于50mm（如果为开槽形状，则应为50mm宽）。即使计算结果表明较小的孔（或槽）就已足够，仍应使用

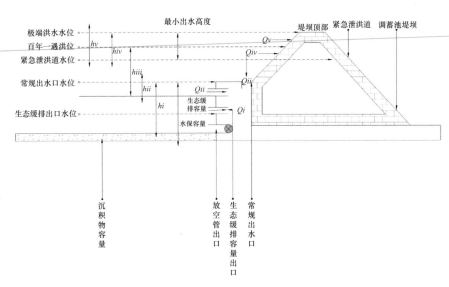

图 8-7　雨水塘出水口及水位示意图

50mm。必须重视对孔口的保护措施，可以使用盖板或其他手段以防止孔口堵塞。

8.4.4.2　紧急泄洪道

紧急泄洪道将外排超过常规出水口水位以上的径流。其设计标准为：安全通过 100 年一遇暴雨所产生的洪峰流量，并留有 0.5m 的安全超高。

紧急泄洪道应位于天然地基，而不是填土之上，若设置在填土上，则需设置防冲刷措施，以防止溢洪道被冲刷。泄洪道流速的计算必须以天然地基为基础，据此计算出的流速决定泄洪道是否需要额外的防护装置。

如果紧急泄洪道建在填土之上，堤坝应比最终设计高度要高，以允许一定的土地沉降。如果堤坝垮塌有可能导致生命财产的损失，那么紧急泄洪道的设计必须假设在常规出水口阻塞的情况下，如遇 100 年一遇的洪水，在排水时堤坝顶部仍有至少 0.5m 的出水保护高度（包括施工后的沉降）。

8.4.5　前池设计

所有湿塘及人工湿地都必须安装前池。粒径较大的颗粒物将在前池沉淀，由于粗颗粒占沉积物总量的比例一般较高，因此，前池是雨水塘中最需要频繁清理泥沙的部位。前池设计时符合下列条件：

① 前池的体积应至少有 15% 的水质保护容积。当前池中泥沙淤积到其设计容积的 50% 时应及时清理。

② 设计标准为 10 年一遇暴雨的雨水塘，前池设计流速必须小于 0.25m/s，

以避免泥沙被再次搅动悬浮。为满足这一设计标准，在某些情况下，前池容积有可能大于雨水塘总容积的15%。为降低前池的流速，建议前池深度至少为1m。

8.4.6　护岸设计

雨水塘护岸主要有块石堆砌、土工织物铺盖、自然植被土壤等几种做法。

首先应确认水位变化范围，并为这些区域制定具体的种植计划。缓坡比陡峭的堤岸景观效果更好，更自然，同时也提供了多种植物生长和生物栖息的地带。

8.4.7　分流岛设计

位置得当的分流岛可用来控制水流特征，增加雨水径流距离，以及帮助隔离暴雨期间的初期雨水和后续雨水。分流岛还能增加植被种植面积，提供野生动物栖息地，减少家畜或人对植被的破坏，提升景观价值。

8.4.8　塘内水流路径

雨水入水口与出水口距离太近会导致雨水路径过短。虽然不影响雨水的调蓄，但过短的雨水路径会减少水质处理时间，降低处理效率。死水区也会降低雨水塘的水质处理能力。因此在设计时，雨水塘的水流路径长度必须是塘宽的两倍以上，最好是3倍（但不能更大）。流路越窄，流速越大，沉淀也就会越少。设计时应尽量减少死水区和超短水流路径的情况，以提高雨水塘水质处理的性能。

8.4.9　塘内水油分离设计

雨水在大多数情况下会含有油和油脂。在缓排容积出口处安装反向倾斜管道，让水从表层以下排出，从而增加水面碳氢化合物的挥发停留时间。

8.4.10　格栅设计

理想情况下，流入前池的雨水应先经过格栅的过滤。为避免前池格栅的堵塞影响其他水力设施的运作，应考虑为格栅设计自清洁设施。

在滞蓄容积出口处也应该安装格栅，以防止孔口堵塞。格栅也可以安装在雨水塘的进水口或出水口。

8.4.11 维护设计

设计时应尽量确保雨水塘易于维护。预留出进入雨水塘的维护通道，以及维护时堆积雨水塘沉积物的区域。雨水塘维护所需面积必须有如下尺寸：

① 维护时堆积沉积物的面积应至少为雨水塘面积的10%，最大深度为1m；

② 沉积物堆积处的边坡斜度不应超过5%；

③ 如果有替代方案，则按实际情况调整沉积物堆积处的面积和坡度。

8.4.12 安全措施

（1）池深

雨水塘水深不宜超过2m。如果由于水质保护容积的要求和场地面积的限制，难以实现水深小于2m，则最好增加湿地或扩大调蓄容积来满足水质保护要求。

（2）安全平台

为了安全起见，应在最低水位以下300mm内的地方设置缓坡安全平台，环绕整个雨水塘，宽度不低于3m，坡度不大于12%。增加水生植物生长空间，同时利用植被形成天然屏障，减少儿童失足掉落雨水塘的风险，减少土壤冲刷、水土流失。

即使设置了二级平台，雨水塘的边坡坡度也不宜超过25%。过陡的边坡不利于落水的人走出池塘。

（3）护栏

安装护栏不是雨水塘的强制要求。我们倡导尽量利用自然特征，实现类似的安全保护功能，如二级平台、密集的池岸植被以及湿地缓冲区（其中包括植被茂密的隔离区）。

8.4.13 景观设计

雨水塘系统的设计应确保雨水塘融入周围的景观。一般景观设计原则也适用于雨水塘的设计。雨水塘应有一个主题或特征，这可能由特定的树木来实现，或由场地的地形特征、周围环境的文化特点等来实现。景观设计将使雨水塘成为周围整体环境的一个自然组成部分。

8.5　施工

工程施工的通用标准也适用于建造雨水塘，如施工用的材料设备是否符合当地要求。必须严格按照施工顺序施工，包括施工前会议、临时侵蚀和沉淀物控制措施、挖掘堆土等。施工过程中应采用安全围栏或者围墙等，以防止儿童靠近。

对于雨水塘来说，内部斜坡应不大于 3 : 1（水平 : 垂直），同时外部斜坡应不大于 2 : 1。如无法实现这一比例，将增加溃坝的可能性。雨水塘的建造高度应该十分精确，并按照施工图纸进行施工，可以携带简单的水平仪以检查任一给定位置是否在适当高度上。

进水和出水区域应适当加固，防止侵蚀。通常需使用额外的稳定防护措施以防止土壤流失，直至植被生长成熟。此类措施包括防侵蚀垫、堆石、石笼网等。

完工前必须进行最终检查，这个检查将作为开发商保证雨水设施符合要求的书面文件。施工完成后需要准备竣工图，以核查施工是否按照标准完成。竣工图需要包括以下内容：

① 水坝顶部截面；

② 紧急泄洪道的横截面；

③ 紧急泄洪道的中心线截面；

④ 常规出水口的中心线截面，至少延伸至填土下游 20m；

⑤ 常规出水口顶部高度；

⑥ 常规出水口底部高度（入口和出口）；

⑦ 立管直径、长度、厚度和材料类型；

⑧ 排水管直径、长度、厚度和材料类型；

⑨ 反涡流及拦污栅装置的尺寸和类型，以及与常规出水口顶部的相对高程；

⑩ 所有低水位孔口或排水管的直径和尺寸。

8.6　运行和维护

8.6.1　安全检查

安全性是雨水塘运行最重要的问题。每年至少应进行一次安全检查。如果有任何设备存在安全隐患，雨水塘的管理者需寻求专业技术帮助。

8.6.2 维护管理

制定完整的维护计划，保障观测雨水塘的整体性能。主要维护工作分为景观维护和功能维护两种类型。这两部分内容可能有所重复，但同等重要，都是雨水塘管理一部分。景观维护主要为了使雨水塘满足公众审美，乃至游憩、娱乐需求，同时它也可以相应减少功能性维护的工作。功能维护包括常规维护和故障维护，对雨水塘的性能和安全十分重要。

8.6.2.1 景观维护

景观维护能提高雨水塘的外观和吸引力。有吸引力的雨水塘可成为社区的重要部分。位于重要节点处的雨水塘，景观维护更为重要。景观维护通常包括以下工作内容：

（1）修剪草皮

修剪和整理出水口、通道和构筑物周围的草皮，为公众提供更美观的池体外表。当然设计时应尽可能地在雨水塘中运用自然景观元素，以减少对草地修剪和整理的需求。

（2）控制杂草

杂草可以通过化学或物理方法去除。应尽量使用物理方法去除杂草。需使用化学试剂时，应按说明使用，并按要求正确处理剩余化学试剂。

（3）其他细节

定期进行油漆、树木修剪、收集落叶、去除垃圾和除草等维护工作，保证雨水塘外观和功能的完整性。

8.6.2.2 功能维护

功能维护能够保证雨水控制系统的正常运行，包括：

① 清理去除沉淀物：雨水塘一般池容较大，相应地调蓄能力较强，但雨水塘运行后期由于土壤饱和往往造成渗透能力下降，因此应考虑雨水塘渗透能力的恢复，如定期清淤或晾晒。清理沉淀物必须符合本地处理标准和程序，特别是受污染的沉淀物，必须运送至合适的垃圾填埋场。

② 维护植被以防止土壤侵蚀：树木、灌木和其他地面覆盖型植物可能需要定期保养，包括施肥、修剪、除草和病虫害的防治。剪草时应注意根据草的种类和类型不同，修剪要求也不同。应定期施肥和改良土壤，并在植被损坏区域进行补种。

③ 清理垃圾杂物：制定日常清理废弃物和垃圾的计划，降低池体部件堵塞和植被破坏的可能性。废弃物和垃圾的清理必须完全符合本地标准，选择合适的处理方式和回收点。

④ 机械部件维修：维护所有零部件，如出口排水阀、格栅铰链等。在每次维护检查中所有机械部件都需要操作一遍，以保证各部件的正常运行。

⑤ 消除蚊虫繁殖区域。

除了以上常规维护，还需在紧急情况下进行故障维修，恢复池体正常运行。故障维修是在常规维护之外按需进行的维护。如无法及时进行故障维修，可能会危及池体的性能和完整性，也可能带来某些潜在安全问题。故障维修包括以下方面：

① 修理雨水塘的结构部件；

② 维修水坝、筑堤和斜坡；

③ 维修侵蚀区域；

④ 维修栅栏。

8.7 计算示例

8.7.1 项目简介

项目区属于居住小区，面积 7.5hm²。

8.7.2 场地分析

① 管网：小区雨水管网封闭，无客水过境。

② 土壤：土壤以黏土和淤泥为主。

③ 坡度：项目区平均坡度在 2.5% 左右。

④ 用地规划：项目区建设前为畜牧用地，建设后为居住用地，共建设住房 100 户，平均占地面积 470m²/户。

⑤ 降雨：项目区排水安全度较高，但是由于雨水最终汇入雨水塘，除了水质保护指标、生态缓排指标还需要考虑 2 年和 10 年一遇的峰值控制指标。

设计雨量如下：

- 2 年一遇 24h 降雨量 = 70mm。

- 10 年一遇 24h 降雨量 = 130mm。

8.7.3 分析计算

（1）开发前产流量计算

开发前根据 SCS 方法计算 CN 值 = 74，由 CN 值计算初期扣损 I_a = 5mm。

渠化系数 = 1。根据汇水区形状测算出汇水区长度 = 0.17km，汇水区坡度 = 4%，根据汇流长度和坡度计算，取最小汇流时间 10min，即 0.17h。

根据本书附录 2 得出：

- 2 年一遇径流深度 = 27.39mm，径流量 = 2054m³，峰值流量 = 0.389m³/s。

- 10 年一遇径流深度 = 72.93mm，径流量 = 5470m³，峰值流量 = 1.03m³/s。

（2）开发后产流量计算

透水区域 CN 值 = 74，不透水区域 CN 值 = 98，不透水面积比 = 67%，综合 CN 值 = 90，初期扣损 I_a = 1.65mm。

由于管网建设，取渠化系数 = 0.6；综合径流系数 = 0.82；汇水区长度 = 0.2km；汇水区坡度 = 3.4%；汇流时间 = 0.17h。

- 2 年一遇峰值流量 = 0.66m³/s，透水区径流深度 = 27.4mm，透水区径流量 = 678m³。不透水区径流深度 = 65.2mm，不透水区径流量 = 3275m³，总径流量 = 3953m³。

- 10 年一遇峰值流量 = 1.42m³/s，透水区径流深度 = 72.9mm，透水区径流量 = 1805m³。不透水区径流深度 = 125mm，不透水区径流量 = 6282m³，总径流量 = 8087m³。

（3）满足水质保护指标所需要的容积计算

本案考虑采用 80% 场次控制日雨量，为 23.3mm。根据附录 2 计算得：

- 透水区径流深度 = 3.1mm，透水区径流量 = 77m³。

- 不透水区径流深度 = 19.1mm，不透水区径流量 = 959m³。

- 二者相加，得出水质保护容积 = 1036m³。由于雨水塘将设置缓排容积，水质保护容积可以削减 50%，即为 518m³。

- 前池的容积至少为水质保护容积的 10%，即大于 52m³。前池的容积是基于水质保护容积计算的，而不是雨水塘的总容积。另外，考虑到需要进行泥沙及污染物沉积，前池的容积建议另外增加 50%，即 78m³。

（4）生态缓排容积计算

本案考虑采用95%场次控制日雨量，为34.5mm，根据附录2中计算方法计算分析得：

- 透水区径流深度＝7.3mm，透水区径流量＝182m³。
- 不透水区径流深度＝30.0mm，不透水区径流量＝1507m³。
- 二者相加，得出生态缓排容积＝1689m³。

（5）雨水塘出口设计

根据现场地形以及上述容积计算结果，即可确定雨水塘尺寸。假定雨水塘的容积和水位的关系如表8-1所示。

雨水塘水位与容积关系表　　　　　　　表8-1

水位（m）	存储容积（m³）
14.5	0
15.0	518
16.0	2207
17.0	4200
18.0	6700
19.0	8700

① 缓排口

雨水塘排水高程最低的出口为缓排口，缓排口的底高程需要满足雨水塘的水质保护容积。在这个例子中，雨水塘缓排口底高程设定为15.0m，此高程下达到水质保护容积为518m³。

雨水塘调蓄容积需要满足24h以上排水时间要求，为此，缓排口尺寸需满足雨水塘全部生态缓排容积相应水位时按12h排空估算（因为随着雨水塘内水量的减少，缓排口排水速度会降低，所以缓排口的排水时间仍会接近24h）。

$$Q_i = 1689m^3/24h = 0.02m^3/s$$

当雨水塘雨水蓄满缓排容量时，根据水位容积得出蓄满缓排容量时水位为16.0m。最大排水流量 $Q_{max} = 2(Q_i) = 0.04m^3/s$。据此进行溢流孔计算，溢流孔设计断面面积可按照如下计算：

$$Q = 0.62A(2gh)^{0.5}$$

$Q \leq Q_{max} = 0.04m^3/s$，$h = 16 - (15 + D/2)$（$D$ 为溢流孔直径）。通过试算得，当 $D = 125mm$ 时，$Q = 0.033 < Q_{max}$，满足排水要求。

② 溢流堰

在设计计算时，通常选择矩形堰分别计算2年一遇和10年一遇降雨事件下的溢流流量。溢流堰的峰值流量不能超过开发前的峰值径流量。

有时当一个溢流堰的尺寸满足 10 年一遇的设计标准时，也会同时将开发后的 2 年一遇流量峰值减少至低于开发前。

为了精确地确定溢流堰的尺寸，通常采用 HEC–HMS 模型确定雨水塘的入流水位线以及径流过程，溢流堰的尺寸通过调试模型进行率定确定。雨水塘的径流过程也可以作为 HEC–HMS 模型的一部分。

可以忽略降雨时的出流量，初步确定溢流堰的尺寸，并确保在该尺寸下，溢流堰的溢流流量不超过建设前的峰值流量。

- 2 年一遇降雨事件下

考虑建设后的容积要求以下。

首先估算调蓄 2 年一遇径流量时雨水塘最高水位。需要汇流、出流动态平衡计算。也可以保守估计，只考虑常水位以上调蓄，不考虑外排，即：

雨水塘容积 = 518m³（存水量）+ 3953m³（2 年一遇调蓄量）= 4471m³。

得到该容积下的水位为 17.12m（根据水位—容积表确定），2 年一遇溢流堰底高程应该等于雨水塘蓄满缓排容量时的水位（16.0m）。相应的缓排口或溢流孔水头计算公式：

$$h_i = 17.12 - (15 + 0.125/2) = 2.057\text{m}$$

计算得此时溢流孔口的溢流流量 $Q_i = 0.62A(2gh_i)^{0.5} = 0.048\text{m}^3/\text{s}$。

溢流堰流量：$Q_{ii} = 1.7L_{ii}h_{ii}^{1.5}$，其中 L_{ii} 为溢流堰宽度，$h_{ii} = 17.12 - 16.0 = 1.12\text{m}$，当 $L_{ii} = 0.17\text{m}$ 时，$Q_{ii} = 0.343\text{m}^3/\text{s}$，总溢流流量 $Q_i + Q_{ii} = 0.39\text{m}^3/\text{s}$ 或者可近似等于开发前径流量。

- 10 年一遇降雨事件下

首先估算调蓄 10 年一遇径流量时雨水塘最高水位。考虑缓排口、2 年一遇溢流堰排水量，经过汇流、出流动态平衡计算，得出保守估计的 10 年一遇最高水位 17.73m。

缓排溢流孔底高程应该等于雨水塘常水位，计算得此时溢流孔的溢流流量 Q_i 为 0.055m³/s。

2 年一遇：溢流堰溢流流量，$Q_{ii} = 1.7L_{ii}h_{ii}^{1.5}$，其中 L_{ii} 为溢流堰宽度，$h_{ii} = 17.73 - 16.0 = 1.73\text{m}$（$L_{ii}$ 取 2 年一遇溢流堰宽度），$Q_{ii} = 0.66\text{m}^3/\text{s}$。

10 年一遇：溢流堰溢流流量，$Q_{ii} = 1.7L_{ii}h_{ii}^{1.5}$，$h_{ii} = 17.73 - 17.12 = 0.61\text{m}$，取 $L_{iii} = 0.39\text{m}$，$Q_{iii} = 0.32\text{m}^3/\text{s}$，总溢流流量 $Q_i + Q_{ii} + Q_{iii} = 1.03\text{m}^3/\text{s}$ 近似等于开发前流量峰值。

通常可以 2 年和 10 年一遇溢流堰组合或阶梯式溢流堰，总溢流堰宽度 = 0.39 + 0.17 = 0.56m。

9　人工湿地

　　湿地是以水生植被为主的复杂浅水区域，具有滞蓄雨水、维持水质、提供动植物栖息等多重功能。在城市开发过程中，城市及周边地区的大量自然湿地已经被填埋建设或开垦。人工湿地是利用自然湿地各种功能而设计的浅水植物塘，人工湿地对径流的水量和水质都有较强的处理功能。

　　（1）人工湿地对水量的控制

　　人工湿地的设计需要满足降雨径流峰值控制以及生态缓排的要求。人工湿地可降低洪峰流量、流速，并降低小降雨事件中排放到下游水域中的污染物负荷。衰减的洪峰流量和流速将最大限度地减少对河床的侵蚀，进一步保护下游水质。

　　湿地内植物和藻类的生长、腐烂会不断在土壤中累积有机物，形成有机土壤。有机土壤的孔隙率较高，因此与矿质土相比具有更低的密度和更高的持水能力。有机土密度（$0.2 \sim 0.3 \text{g/cm}^3$）约为矿质土密度（$1 \sim 2 \text{g/cm}^3$）的十分之一，这使得湿地的土壤能够比矿质土壤储存更多的水。虽然该效果处理大雨时并不明显，但是在处理小降雨事件时，湿地可明显减少水量和污染物排放负荷。

　　（2）人工湿地水质净化

　　人工湿地系统具有复杂的机制，各种元素和化合物以不同形式在空气、水、土壤、植物和动物媒介中循环。湿地的净化能力受以下因素影响：

　　① 溶解氧日变化；

　　② 与季节变化有关的日照时间、水温、湿地植物生长、微生物活性和化学反应的改变。在水温有明显季节变化的地区，特定污染物的处理效果也会随季节而变化；

　　③ 湿地成熟度。新建湿地土壤往往比老旧湿地土壤具有更好的磷、氮吸收能力；

　　④ 植栽密度。植栽密度高的湿地具有更大的微生物接触面，能加速污染物去除过程，从而比植栽密度低的湿地处理效果更好。

　　人工湿地对雨水污染的处理过程如表9-1所示。

污染物	处理过程
有机物	生物降解、沉积、微生物吸收
有机污染物	吸附、挥发、光合作用，以及生物和非生物的（如农药）的降解
悬浮物	沉积、过滤
氮	沉积、硝化/反硝化脱氮、微生物吸收、植物吸收、挥发
磷	沉积、过滤、吸附、植物和微生物吸收
病原体	自然死亡、沉淀、过滤、捕食、紫外线降解、吸附
重金属	沉淀、吸附、植物吸收

人工湿地雨水污染物处理过程总览   表 9-1

（资料来源：Mitchell，C. Pollutant removal mechanisms in artificial wetlands[R]. Course notes for the IWES International Winter Environmental School，Gold Coast，1996.）

9.1 设施类型

人工湿地主要分为表面流（图 9-1）、水平潜流（图 9-2）、垂直流（图 9-3）三种类型。

表面流人工湿地（free water surface constructed wetlands）指水在人工湿地介质层表面流动，依靠表层介质、植物根茎的拦截及其上的生物膜降解作用，使水净化的人工湿地。

水平潜流人工湿地指水从人工湿地池体一端进入，水平流经人工湿地介质，通过介质的拦截、植物根部及生物膜的降解作用，净化水质的人工湿地。

垂直流人工湿地指水从人工湿地表面垂直流过人工湿地介质床而从底部排出，或从人工湿地底部进入垂直流向介质表层并排出，使水得以净化的人工湿地。

图 9-1　表面流人工湿地

图 9-2　水平潜流人工湿地

图 9-3　垂直流人工湿地

9.2 适用条件

人工湿地适用于以下情况：

① 汇水区面积大于 $1hm^2$；

② 土壤细致，为细泥土或黏土；

③ 地势平坦，没有滑坡隐患；

④ 无明显空间限制。

9.3 设计原则

（1）水力停留时间尽可能长

径流在人工湿地停留的时间越久，处理效果越明显，故而可以通过设计，最大化水力停留时间。

Timperley 等人[1]2001 年的研究表明，城市雨水径流污染如铜、铅、锌在细颗粒物中的浓度非常高，雨水塘很难对此类污染物进行处理和截留。另外一些毒性持久的有机化合物，如杀虫剂、除草剂和工业化学物质也会出现在雨水径流中，最终进入自然水体。有毒污染物质（如金属和有机物污染物）在淡水和海洋地区沉积物中的积累已成为城市水污染主要问题之一。

径流在人工湿地停留越久，沉积物沉淀累积越多，而沉积物的去除率与其他污染物（特别是磷和金属）的去除率密切相关，因为这类物质往往吸附于沉积物上。因此在水中去除沉积物也会相应地去除一些其他污染物，如约50%的磷可转化为颗粒形式，与沉积物一起被去除。Wiese[2] 在1998 年的研究表明，湿地具有显著的削减氮和磷浓度的功效，但要达到理想的排放标准，则需要对其进行合理设计以维持较长的水力停留时间。

可溶性污染物的去除率也随着水力停留时间的增加而显著增加，同时也取决于设计容积、干旱时间和设计降雨量。

（2）沉积物容纳尽可能多

人工湿地中有机土壤是营养物质和其他污染物的重要储存体，应设计人工湿地使其容纳更多的沉积物，发挥长期的污染物截留效应，最大

[1] Timperley, M., Golding, L., Webster, K.. Fine particulate matter in urban streams: Is it a hazard to aquatic life?[C] Second South Pacific stormwater conference, 2001.

[2] Wiese, R.. Design of urban stormwater wetlands.[R] Department of Land and Water Conservation New South Wales. The Constructed Wetlands manual. Vol 2, 1998.

限度地减少底泥扰动，避免冲刷。

（3）植被生长条件尽可能好

植被是人工湿地发挥作用的关键要素，设计多样化、稳定的植被结构，并维持植被良好的生长状态是人工湿地成功的前提。

2001 年 Wong 等人[1] 在有植物生长的河道和无植物生长的河道中进行了固体悬浮物削减过程的对比。数据显示，有植物生长的河道中的悬浮物浓度下降更迅速。Timperley 等人[2] 在 2001 年提出，湿地和浅水植物塘中的生物膜可有效去除径流中的细颗粒物。沉水植物和附生的微生物对细颗粒物的去除效果也相当明显。多个国家的研究结果表明[3]，植被丰富的人工湿地比缺少植被的雨水塘的水质处理效果更好，原因在于人工湿地的植被有以下功能：

① 降低水的流速，减少风浪扰动，促进悬浮物沉降。

② 过滤垃圾、悬浮物和泥沙颗粒。

③ 提供多种微生物生长的表面基质。微生物生长过程消耗可溶性污染物（包括营养物质和金属），并促进胶体粒子聚集和沉降，最终沉积到池底。微生物是湿地内大部分污染物转换的催化剂[4]。

④ 吸附有机和无机污染物，促进硝化（NO_2–NO_3）和反硝化（N_2）反应的发生，去除水体中的氮，并将其转换为底泥，增加土壤有机质，使反硝化作用最大化。

⑤ 吸收营养物质和部分污染物（湿地植物的腐烂也会产生一定污染物）。

⑥ 增加有机底质，为金属、磷盐和有机物等污染物提供大量可交换的阳离子。

Wong[5] 等人在 1998 年梳理了湿地植物在人工湿地净水过程中不同阶段的作用。日常基流情况下，湿地植物的作用包括：

[1] Wong, T., Fletcher, T., Duncan, H., Jenkins, G.. A unified approach to modeling urban stormwater treatment.[C] Second South Pacific stormwater conference, 2001.

[2] Timperley, M., Golding, L., Webster, K.. Fine particulate matter in urban streams: Is it a hazard to aquatic life? [C] Second South Pacific stormwater conference, 2001.

[3] Larcombe, Michael. Design for Vegetated Wetlands for the Treatment of Urban Stormwater in the Auckland Region.[R] Auckland Regional Council, 2002.

[4] Kadlec, R., Knight, R.. Treatment Wetlands.[M] CRC Press, Lewis Publishers, 1996.

[5] Wong, T.H.F., Breen, P.F., Somes, N.L.G., and Lloyd, S.D.. Managing Urban Stormwater Using Constructed Wetlands.[R] Cooperative Research Centre for Catchment Hydrology and Department of Civil Engineering, Monash University, Cooperative Research Centre for Freshwater Ecology and Melbourne Water Corporation, 1998.

① 近期：植物表面的生物膜可以吸收沉积物，并且在数小时至数周内脱落至池底；

② 中期：吸收底泥的营养物质。底泥中的营养物质在数周至数年的时间内逐渐转化为植物生物量；

③ 长期：将可吸收物质转化成低污染物质，并以生物可降解的凋落物形式返回到底泥，整个过程持续几年至数十年；

④ 控制沉积物表面的氧化还原反应：湿地植物根系有助于维持沉积物的氧化性表面，防止污染物发生不良化学转化。

暴雨洪水季节湿地植物的作用包括：

① 增大水力糙率；

② 稳定流速；

③ 增强过滤，促进沉降；

④ 表面吸附更多的微粒；

⑤ 防止冲刷侵蚀。

因此，构建完整的植被系统是人工湿地必不可少的设计环节。

9.4　计算方法

人工湿地的计算包括以下步骤：

① 根据水质保护指标对应的设计降雨计算水质保护容积。

② 采用 15% 的水质保护容积作为前池容积。

③ 确定湿地是否要求控制开发前后峰值流量和防止下游河道侵蚀的生态缓排容积。如果湿地设计不需要控制洪峰，应考虑使用分流堰以转移超过水质保护容积的径流。超过水质保护容积的径流将漫过分流堰，绕过人工湿地进入下游设施。

④ 根据以上策略，利用现场地形和所需的水质保护容积计算人工湿地面积。

⑤ 根据人工湿地面积，确定湿地边界。

⑥ 设计常水位水深。

⑦ 计算出水口尺寸和湿地容积。

⑧ 确定湿地水下地形。

9.5 设计要点

人工湿地对于不同污染物的处理需要不同的水力停留时间，因此有必要在设计之初先确定所要处理的雨水污染物种类。

悬浮物在较短的水力停留时间内就可以达到较高的去除率，但是细颗粒物的去除则比较困难。对于含氮、磷的营养物质，在足够的空间和时间条件下，人工湿地能够将其含量降到非常低的水平（含氮化合物可降低至 0.5mg/L，含磷化合物可降低至 0.1mg/L）。

人工湿地设计时首要考虑的污染物包括：

① 沉积物；

② 有毒物质如碳氢化合物和溶解态金属；

③ 其他有害细颗粒；

④ 随着雨水排入的营养物质；

⑤ 具有休闲娱乐价值的受纳水体需要考虑病原体的去除。

与其他污染物处理系统类似，人工湿地的去除率取决于湿地设计和污染物特征。设计合理的湿地不仅可以去除有毒物质，减少营养物质和病原体，有效降低重金属和持久性有机污染物，同时也能营造良好的景观。

9.5.1 面积

人工湿地的面积反映了对水质处理容积的需求，主要由人工湿地的容积、深度以及现有地形决定。如果为安全起见需要控制水深，同时维持容积不变，则需要扩大湿地面积（取决于可用土地面积）。

9.5.2 水深和水位

设计水位与水深对人工湿地非常重要。为了促进挺水植物在人工湿地的生长和扩散，除了前池和出水口周围地区，其他区域的深度不应超过 1m。维持湿地浅滩的自然特征也会降低安全事故的风险。

构成湿地的大部分挺水植物适宜在水深 1m 以内的环境中生长繁殖。为增加植物群落的多样性，需设计精确的地形坡度、不同的水深，以满足不同植物的最佳生长条件。设计方案需包含湿地地形标高及植栽种植的详细说明。

由于人工湿地水深不大，因此即使很小的水位变化也会影响水生动植物群落的健康。因此，应尽量确保水位稳定，可采取的措施包括：

① 连续的基流；

② 较高的地下水位；

③ 在场地使用黏土或土工材料衬底以维持水位。

在设计时必须需考虑防渗衬底和周期性高地下水位可能带来的问题，必要时可采用暗渠排水。

9.5.3　水底地形

人工湿地水底地形宜高低起伏，使湿地内部水流混合更为均匀（图9-4）。

9.5.4　土壤与填料

人工湿地的土壤与填料对湿地净化功能至关重要。促进人工湿地植物和微生物生长扩散最快的方法是在人工湿地底层铺置有机土壤。使用有机土壤虽然不是强制性的，但可以为湿地植物带来诸多好处，例如促进植物生长，避免其他先锋水生植物入侵。设计方案中必须明确有机土壤使用的详细方法。

人工湿地设计方案中必须考虑填料的级配、粒径与厚度，保证为植物和微生物提供良好的生长环境，同时维持最适宜的渗透性能。填料选择可因地制宜，尽量采用适合当地特征的生态环保型材料。

9.5.5　前池

人工湿地作为浅水系统，很容易因上游产生的沉积物而淤积。所有主要的进水处必须配置前池，以过滤悬浮固体，便于定期清除沉积物。前池是人工湿地不可分割的一部分，也是湿地能长期发挥效用的重要设施，每一个入水口都应设置一个前池。图9-5展示了前池的基本结构。

前池的设计方案包括前池的具体位置、尺寸、地形坡度，以及与配套维护设备的连接等相关信息，并满足如下要求：

① 前池容积为人工湿地水质保护容积的15%。如果湿地有多个入水口、多个前池，则所有前池的总容积需达到湿地水质保护容积的15%，每个前池的容积以它们的流量占比来分配。

② 前池应为湿地最深区域，最大水深2m。

③ 前池长宽比应在2∶1和3∶1之间。

④ 在5年一遇暴雨期间，前池流速宜小于0.25m/s，以避免泥沙再次搅动而悬浮。在某些情况下，这一流速要求可能需要扩大前池容积。

⑤ 设置堆石（如图9-5所示）降低径流进入主池的流速，尽量减少

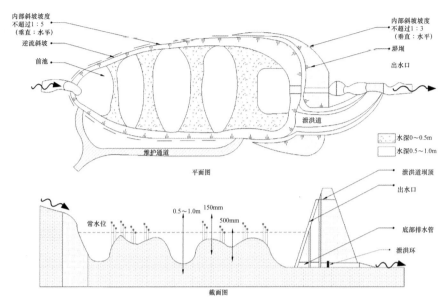

图9-4　人工湿地水底地形示意图

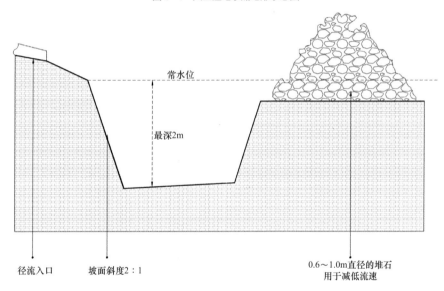

图9-5　人工湿地前池横截面示意图

沉积物再悬浮。

⑥ 溢流堰总长度至少为前池宽度的50%，保证表层溢流，避免径流集中进入主池。

⑦ 设立通道，方便挖掘设备进入清理前池。

⑧ 前池的入口需增加消能结构，使入流均匀分配。

⑨ 增加拦渣网，阻截垃圾进入前池。拦渣网的设计不能阻碍水流，并且最好是能自动清洁的类型。

⑩ 如果前池有良好的水力设计，不一定要在其中种植植栽。不过，

增加植被可增加前池的安全性和美观度，同时可强化水质处理性能。

9.5.6　出口设计

人工湿地的出口设计与雨水塘类似，参见第 8 章相关内容。

9.5.7　植物种植

人工湿地主体区域的植物应合理密植。选择的植物应具有发达的水下根茎，最大限度地增加水和微生物生长表面之间的接触，并且可以维持水体均匀流态。表 9-2 列举了部分推荐湿地植物及其适宜的水深。但需要注意的是，我国幅员辽阔，不同地区的气候、土壤条件不同，适宜的植栽种类也有所差别。在具体设计时，应根据场地条件，评估植栽适宜性，因地制宜地选择乡土植物，丰富人工湿地植被。

适宜湿地不同水深的湿地植物　　　　　表 9-2

区域	适宜水深	湿地植物
深水区	0.6～1.1m	香蒲（*Dacrycarpus dacrydioides*）
		菰（*Zizania latifolia*）
		芦苇（*Phragmites australis*）
		狐尾藻（*Myriophyllum verticillatum*）
浅水区	0.3～0.6m	香蒲（*Dacrycarpus dacrydioides*）
		藨草（*Scirpus triqueter*）
		荸荠（*Heleocharis dulcis*）
		灯心草（*Juncus effuses*）
		水葱（*Scirpus validus*）
湿地水滨带	0～0.3m	灯心草（*Juncus effuses*）
		水葱（*Scirpus validus*）
		香蒲（*Dacrycarpus dacrydioides*）
		藨草（*Scirpus triqueter*）
		泽泻（*Alisma plantago-aquatica*）
		千屈菜（*Lythrum salicaria*）
		菖蒲（*Acorus calamus*）

续表

区域	适宜水深	湿地植物
漫滩	周期性淹没区	千屈菜（*Lythrum salicaria*）
		菖蒲（*Acorus calamus*）
		灯心草（*Juncus effuses*）
		香蒲（*Dacrycarpus dacrydioides*）
		藨草（*Scirpus triqueter*）
岸边陆地	—	玉簪（*Hosta plantaginea*）
		鸢尾（*Iris tectorum*）
		美人蕉（*Canna indica*）
		水杉（*Metasequoia glyptostroboides*）
		垂柳（*Salix babylonica*）

当种植床长度小于100m时，地形坡度应相对平缓；当种植床长度大于100m时，应提高坡度以弥补水力梯度，使排水更通畅。为了便于植栽的种植和维护，应在规划时就确定进入种植床的通道。

人工湿地植栽设计中应包括以下内容：

① 植物种类；

② 每种植物的数量；

③ 种植的位置；

④ 是否需要降低水位以方便种植；

⑤ 种植时间；

⑥ 植物维护通道。

9.5.8 安全措施

人工湿地植物密布，边坡平缓，水深较浅，与雨水塘相比安全隐患较少，不需要特别的安全防护措施。但根据不同地方的规定，有时需安装防护栅栏。

9.6 施工

人工湿地的施工与雨水塘类似，可参见第8章相关内容。主要注意事项有地形塑造、防止沉积物累积、湿地种植等方面。

9.6.1 地形塑造

精确的地形坡度建设对于人工湿地非常重要。在施工过程中，必须使用测量桩以确保准确的填挖方。最终的地形整改需在湿地注水前完成。一旦池底和边坡土壤变得湿润，土方工作就会异常困难。

9.6.2 防止沉积物累积

人工湿地是浅水系统，处理效果会随着沉积物的增加而降低，因此施工时需特别注意防止泥沙等沉积物进入湿地。在施工方案中需明确：

① 现场施工总体计划，以及湿地建设进度；

② 施工过程中防止人工湿地汇水区域受破坏、泥沙进入湿地的措施；

③ 清除前池和湿地内沉积物的时间和方法。

如果人工湿地在施工过程中作为场地的临时沉淀池，则需考虑：

① 出水处增加安装临时的抽排设施；

② 最终地形坡度调整应在后期进行；

③ 施工产生的沉积物需在湿地沉积物控制的范围内。

9.6.3 湿地种植

人工湿地植被创建主要有三种方法：

① 种植生长快速的水生植物；

② 充分利用现有湿地植物，为已有植物提供适宜的水文和土壤条件；

③ 直接使用含有植物根或根茎的土壤，待其自然生长扩散。

以上三种方法相辅相成，可因地制宜，组合使用。

种植水生植物时需注意：如果工地的径流将流经湿地，需要等土方工程结束、场地稳定后才能进行湿地的种植。在施工进度允许的情况下，植物最好能够在设施土壤稳定几个月后种植。理想的种植时间是在春天，植物刚从休眠状态苏醒，或深秋，植物将要进入休眠状态。种植的时间必须在施工早期确立。

9.7 运行和维护

人工湿地的运维与雨水塘相似，除了第 8 章介绍的内容还包括：

① 常规的维护检查程序需确定清淤时间，淤泥处置方式及地点。定期清淤以保持湿地持续的水质处理能力。

② 在人工湿地前三年的生长和非生长季，每年安排两次检查，观察植物种类、密度、生长状况，池底地形、水深、沉淀物，以及排水口和缓冲区情况。

③ 在人工湿地前三年的运营期间，需要对植物进行灌溉、使用物理支撑、添加覆盖物、除草以及重复栽种。

10 雨水箱

雨水箱是一种水量调蓄控制设施，具有轻微的水质处理功能，其主要作用是管理雨水水量调蓄并可能提供雨水回用。

很多情况下，雨水箱不会单独作为汇水区水质和水量控制的措施，而是作为雨洪综合管理的一部分。其主要功能包括：

① 通过雨洪管理和雨水回用，减少径流量，促进缓排。

② 可将溢出的多余水量导入下游海绵城市设施。

③ 通过提供雨水调蓄，削减汇水区的径流峰值流量。

④ 在一定程度上沉淀屋顶产生的污染物，削减污染物。

⑤ 提高雨水资源利用效率。

雨水箱在家庭用水中的应用已有数百年的历史。但是，随着高质量、低成本的供水系统的发展和普及，传统雨水箱的应用在城市中受到诸多限制。然而近年来在国外越来越多的民众意识到，雨水资源的利用具有较好的资源效益和环境效益，政府管理部门和民众对城市中雨水资源的利用越来越重视，雨水箱的使用也日益广泛。

在国内，人们也逐渐意识到，雨水对于一个城市而言是重要且具有极大潜力的水资源。因雨水箱施工布置快、造价低、约束条件少，可应用于海绵城市建设建筑物屋顶雨水收集。然而其应用仍存在一定的问题，主要包括 3 个方面：

① 实用性：雨水箱内收集储存的雨水，只能替代非饮用水，居民用之甚少，雨水在其中储存时间过长会导致水质恶化、发臭，影响可用性。

② 维护性：设计不好或质量较差的雨水箱产品需要较高频次的维护，如弃流装置维护、定期清洗等，当维护责任主体不明确时，雨水箱就会暴露出一系列的问题。

③ 美观性：部分缺少外观设计的雨水箱与周边景观不协调，显得突兀而直接，影响小区整体美观性。

针对上述国内雨水箱应用的问题，可以从以下 3 个方面予以解决：

① 规范设计：需要认识到，雨水箱并非仅仅提供容积收集雨水，而是一种需要精细化设计的海绵城市设施，其布局和规模均需要全面、科学和规范的设计，包括充分考虑当地降雨特征、汇水面积和景观需求等情况。

② 优选产品：优秀的雨水箱产品并非仅有单一的雨水储存箱体（罐体），还应当包括一整套的附属设备，如初筛网、弃流装置、水位控制装置、排空口、取用口等；优秀的产品结合精细化的设计也能够使得雨水箱与景观更为协调。

③ 公众引导：在雨水箱布置之前，需要进行社区民意调查，初步了解居民对雨水资源利用潜力的顾虑。雨水箱布置之后，需要对社区管理方（物业）、社区居委会、居民等进行解释说明，引导居民规范使用雨水箱中的雨水资源。

在设计雨水箱时，首先要考虑其设计目标，包括以下两方面：

（1）雨水收集的比例应依据国家和地方关于雨水回用的相应标准来决定。雨水收集的比例取决于以下 4 个因素：

- 汇水区屋顶面积；
- 回用水率；
- 雨水箱的容积；
- 场地区域的长历时降雨特征。

（2）降雨径流的临时调蓄量需根据区域整体排水防涝的目标来确定。雨水箱的临时调蓄量取决于以下 3 个因素：

- 不透水区面积；
- 雨水箱容积；
- 场地区域暴雨特性。

10.1 设施类型

雨水箱多为成型产品，或为就地浇筑的钢筋混凝土水池，也可以是蓄水模块组合而成。这些从功能而言基本相同。本书根据雨水箱的布置位置可以分为地上雨水箱和埋地式雨水箱。

10.1.1 地上式雨水箱

常见的小型雨水箱基本都位于地表，具体可再细分为屋顶式、嵌墙式、挂壁式、摆放式等，而以在落水管周边地上摆放的形式居多。图 10-1 展示了地上雨水箱的基本样式。

地上式雨水箱通常利用落水管收集雨水，优点是具有高势能，布置灵活。但如设计不当，空中颗粒垃圾、鸟类粪便和昆虫等容易坠入其中，

图10-1　地上雨水箱成品图

图10-2　地埋式雨水箱成品图

污染水质。

嵌墙式、挂壁式雨水箱较为少见，某些小型雨水箱可直接镶嵌在墙体内或者挂于墙壁上，利用断接落水管进行收水。

摆放式雨水桶最为常见，以箱型、圆筒型居多。其施工安装方便，便于维护，只要在落水管周边有空间均可布置。

10.1.2　地埋式雨水箱

地埋式雨水箱（图10-2）多为扁平罐体，根据埋地部分比例，具体可再细分为半埋式、全埋式雨水箱。埋地式雨水箱不占用地表空间，而且对地表景观影响较少，但是因为雨水储存于地下，取水用水时需要加设小型抽水泵。

10.1.3　其他调蓄设施

其他调蓄设施包括不同形式的蓄水模块、蓄水池，指具有雨水储存功能的大型集蓄利用设施，同时也具有削减峰值流量的作用，主要包括块状拼装式蓄水模块、拱形管道式调蓄设施、钢筋混凝土（砖、石砌筑及塑料等材料）蓄水池等。

大型集蓄利用设施不同于雨水箱，大多采用封闭埋地式，需要较大的地下空间且造价较高，适用于具有雨水回用需求的建筑小区和城市绿地。

10.2　适用条件

雨水箱适用于单体建筑屋面的雨水收集，具备以下条件的建筑、场地均可考虑采用雨水箱：

①海绵城市建设或改造条件有限的建筑、小区或其他场地。

② 具有较大的屋顶面积。金属、黏土或石板瓦片等材料的屋顶所收集的雨水水质较好。屋顶和排水沟的焊接材料不能选用铅或铜，因为略带酸性的雨水能够溶解铅和铜，进而污染径流。同样地，复合沥青、油毡瓦和一些彩瓦屋顶也会渗出污染物，进而影响雨水的质量、颜色和味道，不建议进行收集。

③ 存在较大的雨水资源利用需求。

④ 现有落水管收集系统，且落水管无其他生活污水接入（如小区阳台水）。

⑤ 落水管周边具备布置空间。

10.3 设计原则

雨水箱设计时候需要遵循以下原则：

① 精细设计：在精细化计算分析的基础上进行设计，而非视为一种产品的摆放。

② 规模适宜：在考虑屋顶收集面积及回用水量的基础上，必须考虑区域降雨特征以及经济性，确定雨水箱规模。

③ 系统考虑：雨水箱其他组件、配件在设计过程中均需明确，组成一个完整的雨水收集、利用系统。

10.4 计算方法

一个完整的雨水箱系统应包括：收集构件、传输构件和存储构件。屋顶是收集构件，落水管是传输构件，而雨水箱是存储构件。雨水箱的规模计算方法可根据雨水箱的功能进行区分，可分为仅用于滞留缓排、同时用于雨水回用和滞留缓排两种。精细化设计需要以雨水箱功能原理为目标，利用水文、水利学动态计算。本章介绍简单的手工计算方法。

（1）滞蓄缓排型雨水箱计算

此计算方案中以圆柱体雨水箱为例。

【步骤1】确定进入雨水箱的降雨径流量。

这部分径流量由雨水箱可收集的屋顶面积及24h设计降雨量度决定。此处借鉴奥克兰工程经验，将雨水箱容积和应对降雨量及屋顶收水面积的关系进行归纳总结，整理为可直接应用的关系表，具体如图10-3、

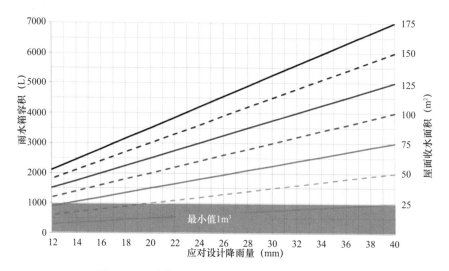

图 10-3　雨水箱容积与降雨量、屋顶收集面积对应关系图一

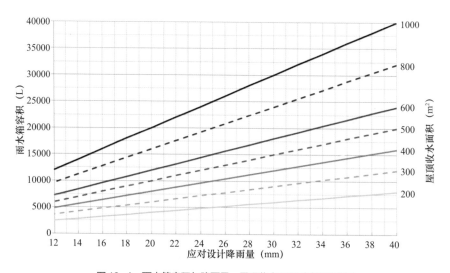

图 10-4　雨水箱容积与降雨量、屋顶收水面积对应关系图二

图 10-4 所示。雨水箱的收水范围越大，能收集的屋顶径流量越多。雨水桶的容积可以根据降雨量和屋顶收水面积查图获得。

当屋顶收水面积或应对降雨强度在图示范围之外时，可根据收水面积和降雨强度数据，利用下述公式进行计算：

$$V_{滞留容积} = \frac{A_{收水面积} \times 降雨量（mm）}{1000} \qquad （10-1）$$

本节所述的处理径流量指的是雨水桶可滞蓄量，从雨水箱底部泄流孔（缓排或回用口，以低的为准）至溢流管中心的容积。对仅提供屋顶雨水错峰缓排功能的雨水桶而言，可滞蓄量即雨水桶容积。

【步骤 2】确定合适的雨水箱尺寸。

用于径流错峰缓排的雨水箱应当能够全部接收所需的滞蓄径流量，也包括在雨水箱底部用于沉积颗粒垃圾、约深 150mm 的永久容积。雨水箱的最小容积为 1m³。

【步骤 3】确定雨水箱深度。

雨水箱深度包括滞留深度和永久容积深度。

雨水箱滞留深度指雨水箱底部外排孔口中心至顶部溢流管之间的高度（或由雨水箱供应商注明）。该值对于保证从孔口缓排出流至下游排水管网（或其他下游设施）的雨水径流量相当重要。

雨水箱滞留深度可以根据容积和底面利用下式进行计算：

$$d_{\text{滞留深度}} = \frac{V_{\text{滞留容积}}}{A_{\text{雨水箱}}}$$

$$A_{\text{雨水箱}} = \pi \times (\frac{D_{\text{雨水箱}}}{2})^2 \qquad (10\text{-}2)$$

其中，$d_{\text{滞留深度}}$：雨水箱滞留深度（m）；

$V_{\text{滞留容积}}$：雨水箱滞留容积（m³）；

$A_{\text{雨水箱}}$：雨水箱底面积（m²）；

$D_{\text{雨水箱}}$：雨水箱底面直径（m）。

一般而言，雨水箱都具有收集杂质的永久容积（从底部起 150mm 深的存水空间）。雨水箱总深度可将滞留深度和永久容积深度加和求得：

$$d_{\text{雨水箱}} = d_{\text{滞留深度}} + d_{\text{永久容积深度}} \qquad (10\text{-}3)$$

【步骤 4】确定雨水箱孔口尺寸。

雨水箱的孔口尺寸由雨水箱容积和深度决定。在滞蓄缓排功能的雨水箱中，孔口作为缓排出流口，其作用是保证收集的设计降雨产生的径流能在 24h 后缓慢排空。雨水箱的孔口尺寸最小选取为 10mm。

具体的孔口尺寸计算流程如下：

首先利用下式计算 24h 的平均缓排出流流量：

$$Q_{\text{平均流量}} = \frac{V_{\text{滞留容积}}}{86400} \qquad (10\text{-}4)$$

利用平均流量、雨水箱平均滞留深度计算孔口面积：

$$A_{\text{孔口}} = \frac{Q_{\text{平均流量}}}{\mu \times (2g \times h_{\text{hy}})^{1/2}} \qquad (10\text{-}5)$$

滞留平均水头 $h_{\text{hy}} = \dfrac{d_{\text{滞留深度}}}{2}$

$$D_{孔口} = 2 \times \left(\frac{A_{孔口}}{\pi} \right)^{1/2} \qquad (10\text{-}6)$$

其中，$A_{孔口}$：孔口出流面积（m^2）；

$\quad\quad Q_{平均流量}$：孔口平均出流流量（m^3）；

$\quad\quad \mu$：孔口流量系数，取 0.62；

$\quad\quad g$：重力加速度；

$\quad\quad h_{hy}$：孔口水头（m）；

$\quad\quad D_{孔口}$：孔口直径（m）；

$\quad\quad A_{孔口}$：孔口面积（m^2）。

（2）滞蓄缓排兼具回用功能的雨水箱计算

双重功能的雨水箱结合了雨水回用（非饮用水）和屋顶径流滞留错峰缓排两种功能。

区别于仅滞留缓排的雨水箱，双重功能的雨水箱具有两个出口，出口的位置根据其类别而定：

① 雨水回用出口：位于永久容积顶部；

② 缓排出口（孔口）：位于雨水回用存水容积之上。

【步骤1】确定进入雨水箱的设计降雨径流量。

可以参考本章 10.4 节（1）中的步骤，利用雨水箱容积与降雨量、屋顶收集面积对应关系图查图获取。对于双重功能的雨水箱而言，该部分径流量分为两个部分，即回用部分和缓排部分。

【步骤2】容积分配。

雨水箱分配雨水回用和缓排部分容积的分配考虑如下原则：

① 由于雨水资源利用通常被鼓励，因此回用静态容积也可被计入贡献缓排指标；

② 为保证每次暴雨来临时雨水箱有缓排空间，缓排口一般不高于水箱深度的 1/2。缓排口以下至永久水位以上部分为回用容积。

【步骤3】决定合适的雨水箱尺寸。

双重功能的雨水箱必须具有充足的容积以满足雨水回用、滞留缓排和永久容积。雨水箱尺寸和深度可由制造商的产品说明中获取。雨水箱深度可以参考从雨水回用出水口至溢流口之间的距离。

雨水箱直径可由以下两个因素中的任意一个决定：

① 雨水箱尺寸；

② 雨水箱底面积。

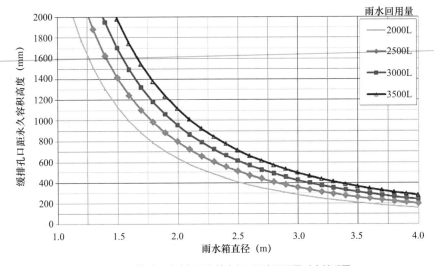

图 10-5　缓排孔口高度与雨水箱直径、雨水回用量对应关系图一

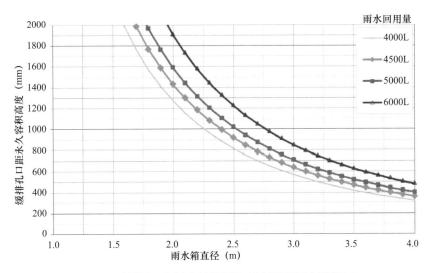

图 10-6　缓排孔口高度与雨水箱直径、雨水回用量对应关系图二

需要注意的是，本节计算方法中均以圆柱体雨水箱为例。

【步骤 4】确定缓排孔口高度。

雨水箱缓排孔口底部应该高于雨水回用容积顶部。此处借鉴奥克兰工程经验，总结了合适的缓排孔口高度与雨水箱直径以及雨水回用量之间的关系曲线（图 10-5、图 10-6），可以利用该关系图进行查图，获取缓排孔口高度。

如果雨水回用量超过 6m³，则缓排孔口高度不低于雨水箱高度的 1/3 处。

缓排孔口高度也可以采用下式进行计算：

$$d_{回用深度} = \frac{V_{回用容积}}{A_{雨水箱}} \qquad (10-7)$$

$$d_{\text{缓排孔口}} = d_{\text{回用深度}} + d_{\text{永久容积深度}} \qquad (10-8)$$

一般而言，雨水箱底部至少具有 150mm 的永久容积深度。

采用下式计算缓排容积深度：

$$d_{\text{缓排容积深度}} = \frac{V_{\text{缓排容积}}}{A_{\text{雨水箱}}} \qquad (10-9)$$

【步骤 5】确定雨水箱孔口尺寸。

雨水箱的孔口尺寸由雨水箱容积和深度决定。在滞蓄缓排功能的雨水箱中，孔口作为缓排出流口，其作用是保证超过 24h 的雨水径流缓释。孔口直径计算方式参见本章 10.4 节，孔口尺寸最小选取为 10mm。

（3）小结

雨水箱规模计算需结合其功能，本节分别介绍了滞留缓排雨水箱以及兼具雨水回用和滞留缓排功能的雨水箱规模计算方式。图 10-7 详细展示了雨水箱要素细节，有助于读者理解计算中涉及的参数以及本章中出现的各类要素含义。雨水箱的计算流程可参考图 10-8。

10.5　设计要点

10.5.1　檐槽和落水管

檐槽和落水管的常用材料包括无缝挤压铝、镀锌管或聚氯乙烯。屋顶及檐槽材料不应该包含任何影响径流水质和危害健康的物质（如石棉、锡或铅基油漆）。檐槽和落水管必须设置有适当的坡度，从而可以最大

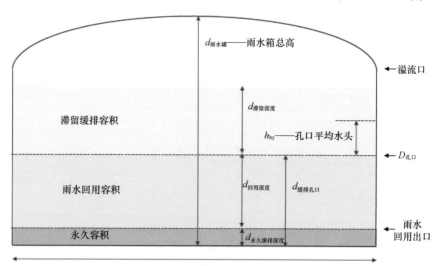

图 10-7　雨水箱要素参数说明

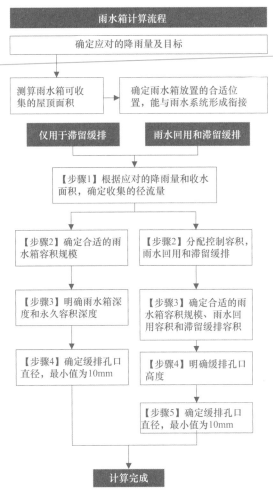

图 10-8 雨水箱规模计算流程

限度地收集雨水。一般来说，落水管和雨水箱之间可以采用合适管径的PVC管进行连接。

10.5.2 滤网和初雨弃流装置

滤网能够保证树叶等杂质不进入雨水箱，初期雨水弃流装置用来分流含有大量尘沙等杂质的初期雨水。

滤网通常由6mm左右的金属或塑料丝网构成，安装在落水管进口附近。如果雨水箱附近有落叶树木，则需要在整个檐槽上安装滤网。

初期雨水弃流装置用来收集降雨后屋顶上的初期雨水，这些雨水含有尘沙、杂质和污染物（如鸟粪）。根据一般要求，每100m²的屋顶面积，至少分流20～40L以上的初期雨水到集水装置。集水装置满后，其余的雨水会通过落水管流到雨水箱。小型集水装置底部安装可调节阀门，用

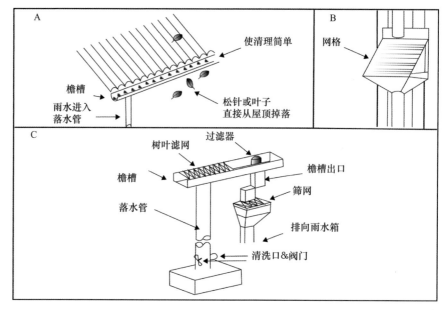

图10-9 初步筛网和初期雨水装置

于在降雨过后排空该小集水装置，以便在下次降雨时系统能够正常运行。图10-9所示的是一个典型的滤网和初期雨水弃流装置结构。需注意弃流装置可以有其他形式，设置自动排空。

10.5.3 过滤装置

即使初步筛网和初期雨水装置运行良好，泥沙、腐蚀物、鸟类和昆虫的粪便和通过空气传播的细菌仍可能会进入雨水箱。尽管收集的雨水资源作为非饮用水，但根据雨水资源的用途不同，有些雨水箱仍建议进一步使用过滤装置。可以使用筒式过滤器或用于泳池的过滤装置（如 $50\mu m$ 可冲洗过滤器）。

10.5.4 储水箱体

储水箱体设计应满足以下标准：经久耐用，防水性良好，外部不透明、内部清洁平滑。雨水箱可使用的材质包括：塑料、钢、混凝土和玻璃纤维。

储水箱体需要配备合适的箱盖，避免水分蒸发、蚊虫繁殖并防止昆虫、儿童掉入箱内。箱体应该置于阴凉的地方，以避免阳光照射而导致箱内藻类生长。

如图10-10所示，雨水箱需要设置适当的溢流出口且容易清洁。如果必要的话，溢流出口处的地面需要进行一定的冲刷防护，以防止溢流雨水侵蚀地面。

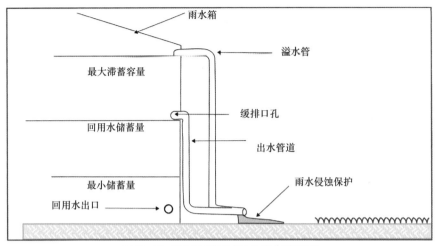

图 10-10　雨水储水箱出水孔及储水水位示意

10.5.5　雨水箱出口

为有效控制雨水箱水位，应在长期储水线（作为常用用水储存量）之上设置小管径排水管道，加固排水口边缘以避免磨损。从排水孔管道里出来的雨水应导流至植草沟或雨水管道。如有必要，雨水排水孔导流至植草沟处也应该考虑防冲刷保护。

10.5.6　景观及空间利用

应在项目的概念设计阶段考虑雨水箱的应用潜力和可行性，确保场地空间的最佳利用率和整体设计的美观协调。雨水箱应尽量减少直接、突兀的视觉冲突和空间浪费。

雨水箱的形态类型多种多样，可以根据景观需要和场地建设条件灵活选择，包括安装在地表上、高于或低于地面、嵌在墙体里等，如图 10-11 所示。

图 10-11　各种类型的雨水箱

10.6　施工

如果管道铺设质量不高，会导致水量损失严重以及杂质、污染物进入雨水箱，将降低雨水收集的效率和所收集雨水的质量。

如果需要的话，可在雨水桶中接入自来水管，从而保证在干旱期雨水箱保持期望的最低水位。自来水接入口与雨水箱最高溢流水位应至少保持 25mm 的高度差。

雨水箱的最低水位一般高于供水口 100mm。在使用自来水补水时，补水流速不应过大，最好采用滴流；当达到期望水位时，可设置浮球阀自动关闭自来水供水口。

雨水箱出水口应该设于高于箱体底 150 ～ 200mm 处。由于在出水口以下的水箱内积水会积淀杂质，因此箱底积水必须定期清理。

10.7　运行和维护

为实现雨水箱的设计目标，必须对雨水箱系统进行正确操作和定期维护，包括以下方面：

① 定期检查雨水箱（至少每年一次），清理积水并在需要的情况下进行修理；

② 检查排水孔和管道（至少每年一次），并在需要的情况下进行修理；

③ 检查溢流管（至少每年一次），并在需要的情况下进行修理；

④ 强降雨之后，检查排水孔和溢流口周围的雨水冲刷侵蚀情况，并在需要情况下进行修理；

⑤ 根据雨水箱供应商的要求对供水泵和电路进行维护检修；

⑥ 如有自来水接入，安排有资格认证的检修人员检查止回阀，并在必要情况下每 5 年维修一次；

⑦ 根据安装手册指导，维护或更换过滤器；每年至少检修初期雨水弃流装置一次。

10.8　计算示例

设计案例为一个单体建筑项目，设计一个同时具有雨水回用及滞留缓排功能的雨水箱。建筑屋顶面积约800m²，屋顶雨水收集范围为屋面的80%，应对日降雨量为25mm。

【步骤1】明确指标要求和目标。

利用附录2中的SCS产流计算方法，计算场地开发前后的径流量差值。由于场地开发前属于绿地，开发后属于不透水硬地，根据日降雨量25.0mm和屋顶收水面积640m²，计算场地开发后需要处理的径流总量为14.7m³。

【步骤2】容积分配。

雨水箱容积分配为雨水回用部分和缓排部分。

假设场地回用量确定为5mm降雨径流，即需要：

$$V_{雨水回用} = \frac{A_{收水面积} \times 5mm}{1000} = 3.2m^3$$

扣除雨水回用容积后，其余11.5m³作为缓排容积。

需要注意的是，雨水回用量3.2m³根据需要在较长时间内使用完，滞留缓排量11.5m³应当在24h内排空。

【步骤3】决定合适的雨水箱尺寸。

雨水箱总容积为14.7m³，取整后定为15m³。采用圆柱体雨水箱，直径为3.5m，高度为2.0m，根据面积计算公式得雨水箱底面9.6m²。

【步骤4】确定缓排孔口高度。

将该雨水箱永久容积深度设为150mm。依照下式计算缓排孔口高度：

$$d_{缓排孔口} = \frac{V_{雨水回用}}{A_{雨水箱}} + d_{永久容积深度} = \frac{3.2}{9.6} + 0.15 = 0.483m$$

【步骤5】确定缓排孔口尺寸。

设计中，滞留缓排量11.5m³应当在24h内排空，具体计算过程参见表10-1、图10-12。

雨水箱参数计算表 表10-1

参数	计算公式	数值	单位
平均流量	$Q_{(avg)} = \frac{V_{(det)}}{24 \times 60 \times 60} = \frac{11.5m^3}{86400}$	0.00013	m³/s
滞留缓排深度	$d_{(det)} = \frac{V_{(det)}}{A_{(tank)}} = \frac{11.5m^3}{9.6}$	1.2	m
孔口平均水头	$h_{(hy)} = \frac{d_{(det)}}{2} = \frac{1200}{2}$	0.6	m

续表

参数	计算公式	数值	单位
孔口面积	$A_{(orifice)} = \dfrac{Q_{(avg)}}{\mu \times (2g \times h_{(hy)})^{1/2}}$ $= \dfrac{0.00013\text{m/s}^3}{0.62 \times (2 \times 9.81 \times 0.60)^{1/2}}$	6.11×10^{-5}	
孔口直径	$D_{(orifice)} = 2 \times \left(\dfrac{A_{(orifice)}}{\pi}\right)^{1/2} = 2 \times \left(\dfrac{6.26 \times 10^{-5}}{\pi}\right)^{1/2}$	0.0088	m
孔口直径要求	8.8mm ＜ 孔口最小尺寸 10mm	10	mm

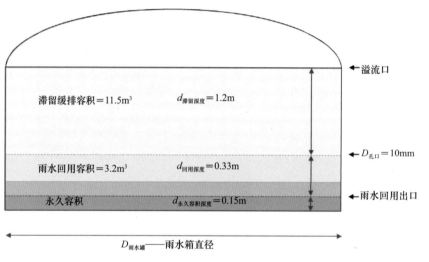

图 10-12　雨水箱参数计算说明

　　由于计算所得缓排孔口直径为 8.8mm，小于要求的最小直径 10mm，故采用 10mm 作为本雨水箱的缓排孔口直径。

11 绿色屋顶

  绿色屋顶也称为种植屋面、屋顶绿化等。人类很早就开始建设绿色屋顶，从其诞生开始的很长时间里，绿色屋顶是王室或权贵才能拥有的精致花园，被誉为"世界七大奇迹"之一的古巴比伦空中花园就是规模很大的绿色屋顶。在中世纪和文艺复兴时期，绿色屋顶常建造在教堂等大型建筑上面，为人们提供接触自然的空间。后来这种形式开始走向民间，被用于挪威等地的民用建设，数量也逐渐多了起来。20 世纪 60 年代，随着城市生态问题的凸显和绿色空间的缺乏，人们开始关注屋顶空间的生态化利用，因而绿色屋顶的研究和建设也出现了新的趋势。在北欧地区，屋顶绿化被当作"绿色对策"（Green Solution）受到了新的关注，多个学科深入研究了与之相关的各种技术问题，人们也逐渐认识到绿色屋顶所具有的多种效益，其成为寸土寸金的城市中非常有效的低影响开发措施之一。

  作为营造在屋顶或地面以上各级平台上的景观，绿色屋顶可以从多个角度提升人们美感体验。从地面角度上来看，绿色屋顶通过立面及其轮廓影响城市景观，软化并丰富了城市天际线（图 11-1）。从屋顶角度上看，绿色屋顶通过组织软、硬质铺装，运用植物、水体等多种景观元素在屋顶上为人们补充了休闲空间，满足了人们的休闲娱乐需求，如日光浴、午休聚餐、聊天会友等，人们徜徉其中，体验花的芬芳、微风吹拂绿叶的清香。相比封闭的室内空间，这种屋顶上的绿地空间更具吸引力。在更高的建筑上，绿色屋顶改善了城市的"第五立面"，让城市有了更好的眺望景观，这在高楼林立的城市更显得十分必要。

图 11-1 荷兰 Delft 理工大学图书馆绿色屋顶

除了提供开放空间，美化城市景观，绿色屋顶在雨水管理、城市热环境、生物多样性等方面都能发挥积极的作用。

绿色屋顶采用的植被、水体等景观元素，使得这个空间在一定程度上还原了自然界中植被截流降雨、土壤涵养水分的过程，经过特别设计的水体或其他措施还能减少雨水径流的产生，补充雨水蒸发，优化地表水质。

在城市热环境方面，绿色屋顶可以减少大气浮尘，增加空气湿度，有效缓解城市热岛效应，改善城市微气候。

精心设计的绿色屋顶能优化建筑结构，降低屋顶结构的膨胀和收缩，延长防水层等构造物的使用寿命，减缓极端温度变化对建筑的影响，对建筑物的节能保温也能起到积极作用，有助于减少建筑能耗。此外，绿色屋顶软化了建筑外立面，可以有效减少城市噪声污染。研究表明，12cm的种植介质厚度就可以减少 40dB 的噪声污染[1]。

在生物多样性方面，绿色屋顶作为一个小型生态环境，为多种生物，特别是鸟类、昆虫提供了栖息地。有些绿色屋顶引入了城市农场的概念，进行农业种植，强调其生产作用，并收获蔬菜、水果等农产品。美国纽约的"布鲁克林农场"就建于一座 6 层高的仓库屋顶上，号称是"世界上最大的屋顶土培农场"，每年大约生产 5 万磅有机食物。

绿色屋顶的其他潜在功能还可能进一步提升物业价值，并对使用者健康带来积极影响，这些经济、社会方面的价值也已经在许多案例中得到了证实。总之，人们越来越认识到绿色屋顶的价值，它也成为城市绿化不可缺少的部分。有学者提出了建设"空中绿道"的构想，绿色屋顶将成为其中的重要组成部分。

正是由于屋顶绿化存在巨大潜力，各国都采取措施鼓励居民建造绿色屋顶。以纽约州[2]为例，如果居民屋顶 50% 的面积是绿色屋顶，就可以得到物业税减免。LEED（Leadership in Energy and Environmental Design）的评审标准中也包括绿色屋顶的相关内容。在欧洲，多个国家已经将绿色屋顶的相关规定引入建筑法规中，并编制了设计导则。其中以德国绿色屋顶设计标准（German FLL Standards）最为著名，并得到了英国、新西兰等其他国家的借鉴和认可。这些政策的发布和技术指导的推广及运

---

[1] Steven W. Peck, Chris Callaghan, Monica E. Kuhn, Brad Bass. Greenbacks From Green Roofs: Forging a New Industry in Canada – status report on benefits, barriers and opportunities for green roof and vertical garden technology diffusion. 1999. http://www.doc88.com/p-5075475138787.html.

[2] http://www.rscape.com/roof_garden_faqs.html.

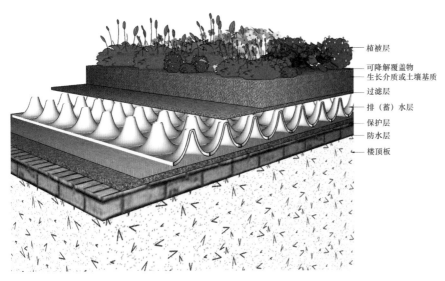

图 11-2 绿色屋顶截面示意图

用，使得更多的建筑采用绿色屋顶的形式。我国的很多城市也开始重视绿色屋顶的建设，并相继建成很多成功的实例。

一般情况下，绿色屋顶由多层构造组成，其横截面如图 11-2 所示，从下至上主要包括：

① 防水层；

② 保护层（可以作为防水层的一部分，位于防水材料之上，阻隔根系，是耐根穿刺的保护结构）；

③ 隔热层（可选）；

④ 排（蓄）水层；

⑤ 过滤层（过滤布）；

⑥ 生长介质或土壤基质；

⑦ 可降解的覆盖物，如黄麻或椰树树皮，在植物发芽前这些物质覆盖在土壤上以固定根系，防止风雨侵蚀；

⑧ 植被。

一个成功的绿色屋顶需要兼顾植物学、水力工程学、建筑学、景观设计等要求，需要系统考虑气候、屋顶结构、荷载、植物适应性等多个方面。

11.1　设施类型

德国将绿色屋顶分为粗放型（extensive green roof）、密集型（intensive green roof）和半密集型（semi-extensive green roof 或 simple intensive green roof），目前得到了很多国家的认可。在此基础上，英国的屋顶绿化组织（Green Roof Organization，GRO）为了进一步凸显生态功能，还提出了生物多样性绿色屋顶（biodiverse roof）。

我国上海、北京等地都编制了屋顶绿化设计规范，其中上海将屋顶绿化分为花园式屋顶绿化、组合式屋顶绿化和草坪式屋顶绿化，北京分为花园式屋顶绿化和简单式屋顶绿化。

这些不同类型的绿色屋顶主要依据植物种类、种植方式、屋顶附加层厚度和功能复杂程度等因素来划分，总体上可以归为简易型（图11-3）和复杂型（图11-4）两种。表11-1比较了简易型和复杂型两种绿色屋顶的异同。

简易型和复杂型绿色屋顶的比较　　　　表 11-1

类型	厚度	人是否进入	重量	植物种植	屋顶斜度	需水量	建造及维护难度
简易型	薄。模块式移植屋顶大约80～90mm厚；屋顶种植式为70～120mm	否，一般仅维护人员进入	重量较轻。一般模块式移植绿色屋顶重量最轻，约64.5kg/m²；种植式绿色屋顶为80～125 kg/m²	简单，高度较低，层次少	措施得当的话，可以用于坡屋顶。屋顶坡度大的情况下，需要防滑落的技术措施。德国屋顶花园导则中规定坡度大于20°时就需要设计防滑落设施	低	建造容易，造价低，维护容易
复杂型	厚。一般为150～1500mm	可以容纳各种人类活动	一般均超过200kg/m²	丰富，层次多	适用于平屋顶或较平缓的斜屋顶	高	建造复杂，造价高，维护工作复杂

（数据来源：http://www.singleply.co.uk/how-much-will-a-green-roof-weigh-a-guide-to-your-options）

图 11-3 简易型绿色屋顶
（图片来源：http://s100.dede58.com/en/Cases/20160821/43.html）

图 11-4 复杂型绿色屋顶
（图片来源：http://hdlatestwallpaper.com/wp-content/uploads/2017/05/Chicago-City-Hall-Green-Roof-HD-wallpaper.jpg）

11.2　适用条件

绿色屋顶适用于符合屋顶荷载、防水等条件的平屋顶建筑和坡度较小的坡屋顶建筑。

在绿色屋顶设计前，必须了解现有屋顶的结构形式和设计负荷能力。河北省《屋顶绿化技术规程》要求花园式屋顶荷载不小于 $460kg/m^2$（营业性屋顶花园不小于 $610kg/m^2$），简单式绿色屋顶荷载应不小于 $255kg/m^2$ 即可。在了解现有屋顶荷载能力的基础上，还需要在设计中控制绿色屋顶的重量。通常越复杂的绿色屋顶就越重，越需要仔细选择种植介质和植物，保证其在安全的荷载承受范围内。

屋顶形式也是绿色屋顶的限制要素之一。除了个别简易型绿色屋顶可以修建在 $20 \sim 30°$ 的坡屋顶上之外，一般绿色屋顶都只能修建在平屋顶或小于 $10°$ 的坡屋顶上。屋面坡度超过 $15°$ 时应设置防滑装置。

11.3　设计原则

在屋顶上建造花园，受标高、建筑物结构等因素的影响，必须遵循相应的设计原则，否则不仅不能提供前文所述的多种有益功能，反而可能带来很多问题，严重的甚至会带来结构上的安全隐患。因此绿色屋顶设计必须遵循以下三方面的基本原则。

（1）结构安全

在任何情况下，绿色屋顶建设带来的荷载都必须在当前建筑的承载力范围之内，这是绿色屋顶所有设计的基本出发点。

绿色屋顶设计之初就必须配合结构工种进行研究和测算，在相应的构造设计中也要进行细致考虑，保证结构和构造的安全可靠。例如除增建的防水层之外，很多情况下还需要采取适当的根茎保护措施，避免植物的根系破坏屋顶防水层和其他构造要素。

（2）排水组织合理

绿色屋顶设计尤其需要重视排水设计，既要和建筑原有屋顶排水方式进行衔接整合，同时也要解决新增植物种植区的排水问题，避免排水不畅影响植物生长，以及对种植介质的过度冲刷，甚至屋顶积水。同时作为海绵设施而建的绿色屋顶更要注重对降雨的拦截、滞留、收集再利用过程，切实保证海绵效果。

（3）功能合理

除了海绵效果，绿色屋顶建设时还必须考虑其他功能的植入，其具体内容取决于所依附建筑的类型、功能、在城市中的位置、业主的建设意图，甚至当地的规划建设要求。

例如在办公楼顶上的绿色屋顶，提供办公室使用者休息、交流的功能非常重要；而商业建筑的屋顶，提供咖啡、餐厅等商业活动空间是十分常见的功能定位。一般来说，需要根据当地降雨等气候条件、业主的设计理念和在城市中的位置（如是否处于生态廊道）等因素，对绿色屋顶各个功能进行协调、取舍。

11.4　设计流程

绿色屋顶的设计可参考《种植屋面工程技术规程》（JGJ 155）。一个成功的绿色屋顶需要考虑以下因素：

① 系统完全渗水饱和后的重量和屋顶的承重能力；

② 防水膜对水分和根系的阻隔能力；

③ 屋顶防风能力以及对排水系统的管理；

④ 所选植物对屋顶环境的适应性。

绿色屋顶的设计流程可能根据设计师和项目情况有一定差异，但通常来说，主要包括以下 4 个基本步骤。

① 场地条件评估。

场地评估是绿色屋顶设计的基础，具体内容可能由于屋顶的不同而有所区别,但总体可概括为建筑条件和气候条件两项评估,如表11-2所示。

建筑条件包括屋顶本身的形状、面积、出入口位置、结构形式等。气候条件对绿色屋顶非常重要，主要包括降雨、风速、霜降、蒸发等宏观因素和日照遮挡、风速等微气候因素。

绿色屋顶设计场地条件评估列表　　　　　　　　　　　　　　表 11-2

类型	具体内容	详细描述
建筑条件	建筑功能	建筑类型、使用者类别和数量、建筑所在城市区位的情况等因素对绿色屋顶的功能具有决定性影响，是绿色屋顶类型、游人容纳量、功能设计的重要参考条件
	建筑结构	建筑屋顶荷载和结构构造对绿色屋顶类型、可能承受的荷载能力等设计内容具有决定性的影响

类型	具体内容	详细描述
建筑条件	屋顶形状	屋顶的形状，如是否是规则形态、出入口位置等情况对绿色屋顶设计风格的选择和功能流线组织具有重要的指导意义
	屋顶设备	屋顶上电梯间、空调机房等设备用房，楼梯间出入口位置及数量直接影响绿色屋顶的流线组织和功能布局。因此，需要在设计初期就收集信息，整体考虑。不同的屋顶形式会影响绿色屋顶的植栽布置以及细部的构造处理
	面积大小	面积规模对绿色屋顶功能和游人容纳量具有重要意义
气候条件	降雨（雪）	降雨量对屋顶排水或蓄水能力设计、灌溉方式和植物选择起到了决定性影响
	日照	日照对植物选择具有决定性意义，也是决定使用功能的重要依据。较高的绿色屋顶，有些可能完全暴露在阳光下，甚至还有周围建筑反射或汇聚来的日光；有些则可能位于其他建筑的阴影里，缺乏必要的日照。因此，必须考虑如何避免植物叶片被建筑反射或汇聚的日光灼伤，如何在建筑背阴处选择耐阴植物等日照相关问题
	风速	绿色屋顶的标高比较高，有些情况下风速通常比街道平面大，如果处于城市建筑风的路径上，其风速会更高。风速会影响植物选择、种植方式和防倒伏设计
	蒸发量	蒸发量影响植物选择和水体设计

在场地条件评估过程中，现场踏勘非常重要。设计师需要对屋顶的各个相关要素进行认真调查，如空调出风口位置、容易积水的位置、周边建筑环境、可能的灌溉系统或种植灌溉给水接入点等。植物设计人员应该在下午 1～4 点的时候进行踏勘，以确定这个时间段屋顶是否有阴影遮挡，保护植物不受强日照影响。降雨相关分析要预测屋顶可能汇集的降雨量，包括会将雨水排到这个屋顶层的其他屋顶的相关数据。同时，也要研究历史降雨数据，分析最长持续降雨时间和极端天气降雨量，综合考虑蒸发、日照因素，决定是否设置雨水桶并确定其容积、排水方式及构造尺寸、植物灌溉方式。深入的研究和场地实践（如屋顶蓄水实验等）工作也需要进行，以准确掌握建筑屋顶的实际状况。

② 结合屋顶结构的负荷能力，选择绿色屋顶的类型并初步估算设计负荷，作为下一步设计指导。

③ 结合屋顶现状情况，综合甲方要求、运营管理等多方面因素确定绿色屋顶功能。

④ 完成绿色屋顶方案设计，兼顾平面功能组织和竖向空间设计。

⑤ 结合方案设计选择相应的构造处理措施，完成施工图设计。

11.5 设计要点

不同功能的绿色屋顶对相关设计元素有不同要求。作为海绵城市典型设施的绿色屋顶，其主要功能需包括三个方面：

① 滞留雨水，减少地表径流产生；

② 尽量存储雨水用于屋顶绿化灌溉；

③ 减缓雨水排出速度。绿色屋顶普遍具备雨水滞留作用，但通过植物、种植介质、雨水收集与排放组织等方面的设计，其可以更好地实现海绵功能。

11.5.1 排灌系统

为了平衡雨水排放与存储之间的关系，既不能太快排出雨水，也不能造成积水，绿色屋顶需要选择恰当的排水方式和植物生长介质，设计时需与原屋顶排水系统匹配，尽量符合既有排水坡度，充分利用现有排水沟及排水口。

根据屋面坡度方向、植物配置和布局，采取隐蔽式集水管、集水口、内排水和外排水，组成排水系统，排水管道应与原有排水管道相连接。屋面排水口一般应设置两个，有条件的可增设一个溢水口。排水口应有过滤结构，做好定期的清洁和疏通工作，严禁覆盖，周围严禁种植植物。种植池、花台等必须根据实际情况设置排水孔，应根据排水口设置排水观察井。当种植池、花台等高于人行区域时要设计好种植区域的溢流细节，保证雨水不会将种植介质冲刷到人行区域，同时要解决好分散灌溉问题。

植物种植区边缘可增加卵石、碎石、碎砖等材料，保护种植介质不被冲刷，同时也能有效排出其中积水。如果植物种植面积过于集中并且很大，还可以在其中设置排水通道。此外，推荐在屋顶边缘400mm处铺设一层薄的砾石或鹅卵石，以提供额外的排水、防火和屋顶维护通道。

绿色屋顶收集、存储的降水，可用于植物灌溉，实现水质净化。灌溉设计可考虑自动喷灌、滴管装置，预留人工浇灌接口。大面积种植宜采用固定式自动微喷或滴灌、渗灌等节水技术，并宜设计雨水回收利用系统；小面积种植可设取水点进行人工灌溉。

对绿色屋顶来说，将水直接引入根系的滴灌系统有诸多好处，例如：

① 节约用水；

② 植物根部能够往下生长至温度和湿度更稳定的下层基质；

③ 干燥的土壤表面能够阻止杂草生长；

④ 由蒸发造成的水分流失可以最小化。

11.5.2　植物种植

植物是绿色屋顶的基本元素，植栽设计是绿色屋顶设计的关键环节，应包括植物选择、配置、种植方式等内容。

植物选择与屋顶类型相关，简易型绿色屋顶和复杂型绿色屋顶在植物选择上会有所不同。其次需充分考虑植物特性以及场地的局限性、种植层厚度、气候及微气候影响、功能需求等多种因素。对于绿色屋顶这种人工系统，植物的抗干旱能力非常重要，选择抗干旱能力强的植物可以减少灌溉的花费。同时，还要兼顾后期管理工作难度以及维护成本，尽量选择生长缓慢的植物，减少修剪的工作量。

通常用于绿色屋顶的植物包括以下特点：

① 根系浅；

② 再生性良好；

③ 能够抵抗直接的光照、干旱、霜冻和风吹；

④ 适应本地气温、湿度、降雨和光照变化；

⑤ 抗干旱。

为了增加生态效益，还可以在满足以上要求的前提下，根据特定的生态保护目标，对场所周围自然环境的植物群落或小生境进行模拟再现，创造符合本地特色的栖息地，营造优美的景观。

在此基础上，为了更好地通过植物实现雨水径流控制，设计应注意以下问题：

① 保持合理的种植面积和种植方式。一定的植物种植面积和恰当的种植方式是雨水径流控制效果的重要保证。植物种植面积越大，相应的生态功能越强。有些屋顶虽然面积大，但植栽面积小且采用了独立的花坛或花盆的分散形式，生态功能就变得极为有限。

② 在种植厚度和屋顶结构承载力满足要求的前提下，尽量配置丰富的植物层次。研究显示丰富的植物层次比单一的植物类型更能有效地截流雨水，补充蒸发。为保证物种的多样性，种植不同高度的、寿命长的

植物。同时避免大片（＞2m²）的仅有一两种植物的种植区域[1]。另外，在绿色屋顶的植物配置中还需要特别重视"镶边"植物的运用，尽量少留裸土，减少随种植介质溅起进入屋顶排水管网的雨水径流。

11.5.3　种植介质

种植介质是具有一定渗透性、蓄水能力和稳定性，提供屋顶植物生长所需养分的有机或无机材料。种植介质是植物能否健康成长的决定性因素，也是绿色屋顶重量的主要构成。研究表明，失败的绿色屋顶中有20%是介质构成不合理或太薄造成的[2]。

种植介质的设计一般包括两方面内容：一是介质材料的选择，二是介质厚度的设计。从材料选择来看，一般不建议直接采用过重的自然土壤，常用的介质为土壤提取物，也可以用专业厂商提供的多种材料的混合物，包括有机质、矿物材料、沙土、碎木屑和土壤等等。不同的材料在含水率方面有所不同，因此在选择的时候应根据湿容重进行核算。

针对建设海绵城市的目标，种植介质应该具有一定的涵养能力，同时又能迅速排出积水。在降雨很小的时候能够完全吸收径流，在降雨很大的时候能先滞蓄存储在下方的蓄（排）水层，然后再慢慢排出，起到削峰缓排的作用。好的种植介质不会在表面积雨，也不会在冬天冻结，这是材料选择时需特别注意的地方。其他考虑因素还包括：

① 渗水性能良好；

② 持水性和透气性良好；

③ 能够抵腐烂、抗高温和抗霜冻；

④ 营养含量高；

⑤ 提供良好的固根性。

除了材料选择，种植介质的厚度也非常关键。建设时应结合屋顶构造、承载能力以及植物生长需要，合理设计介质层厚度（表11-3）。

绿色屋顶种植介质厚度参考表　　　　　　表11-3

植物种类	种植介质			
	草坪、地被	小灌木	大灌木	小乔木
厚度（mm）	≥100	≥300	≥500	≥600

[1] Living Roof Review and Design recommendations for stormwater management[R]. Auckland Council Technical Report, 2013.

[2] Not all green roofs are green. http://www.greenrooftechnology.com/LiteratureRetrieve.aspx?ID＝53260&A＝SearchResult&SearchID＝31857950&ObjectID＝53260&ObjectType＝6.

北京市《屋顶绿化规范》推荐的介质厚度在 100mm 以上，针对小乔木应达到 600mm 以上。❶

新西兰奥克兰市的《绿色屋顶管理导则》指出，除了以景天属植物为主或者下午有遮阴保护的绿色屋顶，一般情况下种植介质厚度最好不小于 100mm，局部最好能超过 150～200mm。❷

11.5.4　过滤层

过滤层的主要作用是保持土壤稳定，防止土壤颗粒、植物残体和覆盖物碎片进入排水系统，堵塞管道。

过滤层宜选用聚酯无纺布，单位面积质量不宜小于 $200g/m^2$，过滤材料搭接宽度不应小于 150mm。过滤层应沿种植挡墙向上铺设，与种植介质高度一致，沿着屋顶边缘包裹种植介质，并由自粘沥青进行固定。

在设置过滤层前应标出合理的排水口位置，以便准确切割过滤层、防水层等防护材料。

11.5.5　排（蓄）水层

排（蓄）水层是用于改善基质通气状况，迅速排出多余水分，有效缓解瞬时压力的材料层，可蓄存少量水分。排（蓄）水层的设计具有双重目的，保持土壤良好的透气性，并在某些情况下也能成为土壤的保水层。

由于重力作用在具有坡度的屋顶上并不一定需要排（蓄）水层，但是在设计中仍推荐使用，以避免积水。

排（蓄）水层应根据屋顶排水沟情况设计，材料选用凸台式、模块式、组合式等多种形式的排（蓄）水板，或直径 10～25mm 的陶粒。屋面面积较大时，排（蓄）水层宜分区设置。每区不宜大于 1m×1.2m，且至少应有一个排水孔。

11.5.6　防水层

防水层是用于防止雨水和灌溉水渗漏的隔离层，上海与河北的《屋顶绿化规范》要求绿色屋顶必须达到《屋面工程技术规范》（GB 50345—2004）建筑二级防水标准，重要建筑达到一级防水标准。

耐根穿刺防水层的合理使用年限不得少于 15 年，可选用柔性防水、

---

❶《北京市屋顶绿化规范》DB11/T 281—2015.

❷ Living Roof Review and Design recommendations for stormwater management[R]. http://www.auckland.

刚性防水和涂膜防水三种不同材料方法，应设置两道或两道以上防水层，最表层防水层必须采用耐根穿刺的防水材料。耐根穿刺防水材料应由相关检测机构出具性能检测合格报告。

柔性防水是用油毡、PEC 高分子防水卷材或橡胶、塑料粘贴而成的一种防渗漏方法。刚性防水是指在钢筋砼结构层上，用普通硅酸盐水泥砂浆掺 5% 防水粉抹面的一种防渗漏方法。涂膜防水一般使用聚氨酯等油性化工涂料，涂刷成一定厚度的防水膜进行防渗。不同防水层应粘结牢固，搭接宽度不小于 50cm，并向种植池、花台及屋面设施延伸至高出基质 15cm。

防水层对于绿色屋顶来说至关重要。所以在材料的选择、施工程序、保护层设置等方面应该进行仔细设计和施工。

11.5.7　竖向要素

绿色屋顶的竖向要素设计可以加强雨水滞留、再利用等方面的潜力。竖向要素包括既有竖向空间，如楼梯间、设备间和其他高于上人屋面标高的建筑局部屋面和侧墙以及通过设计增加的竖向要素，如花架等，也包括植物的竖向层次。

在高出屋面的建筑侧墙设计垂直绿化，可更好地截流雨水，增加蒸腾作用。对高出屋面的建筑屋顶雨水进行收集利用，或结合雨水落水口设计，增加花园的趣味性，更好地发挥绿色屋顶的雨水管理功能。在硬质铺装较多的绿色屋顶，可以结合花架、可收集雨水的遮阳棚等竖向构件，增加雨水的截流、收集作用。利用高低错落的植物种植层次、基质高差变化等方式延长雨水降落和汇集时间，加强削峰缓排作用。

部分绿色屋顶进行竖向设计时，将活动空间和人行步道架空于植物或水体之上（图 11-5），减少人为活动对植物、水景的干扰。

图 11-5　墨西哥可口可乐办公大楼绿色屋顶
（图片来源：http://news.zhulong.com/read178645.htm）

11.5.8 安全要素

11.5.8.1 结构安全

绿色屋顶首先要考虑的安全要素是结构安全。

结构安全需要景观设计和建筑师、结构师等进行深入沟通合作,对绿色屋顶的荷载给予充分考虑。除了荷载,还要考虑防滑落措施。一般情况下,绿色屋顶的建造难度及费用随着屋顶坡度的增大而增加。轻质土和吸水性基质使坡度30°的屋顶都有可能实现绿化。坡度平缓的屋顶,雨水径流流速较缓,大于5°的情况下就需要考虑通过增加基底蓄水能力来减缓雨水径流;当坡屋顶坡度大于20°的时候,就必须考虑屋顶构造层的防滑落措施,防止土壤滑坡和侵蚀,例如:

① 增加额外交叉压条固定;

② 使用突出网状结构来保证植被生长基础稳固。

11.5.8.2 使用安全

绿色屋顶使用安全包括屋顶防坠落、维修施工安全等。为防止高空物体坠落,保证游人安全,应在屋顶四周设置防护围栏,高度应在130cm以上。并且设置独立出入口和安全通道,必要时设置专门的疏散楼梯。除了休闲娱乐等使用人群,还应考虑绿色屋顶维护人员的安全,通过栏杆、进入路径等方面的设计保证安全。

11.5.8.3 防风

建筑规划设计有屋顶绿化时,应预先设计相关防风设施。主风向不应种植枝叶密集、冠幅较大的植物。高度大于2m的小型乔木和灌木均应采取防风稳固措施。

11.5.8.4 防火

绿色屋顶通常有利于防火,但在特殊情况下可能有助于火的蔓延。设计时需避免采用在秋冬干枯的植物,并设置安全防火设施。在屋顶绿化面积比较大的情况下,每隔40m设置防火隔离带。冬、春干旱季节应及时清理枯枝落叶,并适当喷水。

11.5.9 水景

水景不是绿色屋顶的必备元素,但很多绿色屋顶设计了水渠、鱼池甚至小型喷泉、湿地等水景(图11-6)。

水景能营造良好的微气候,丰富景观趣味性,恰当的设计可以更好

图 11-6　有水景的绿色屋顶

（图片来源：https://i.pinimg.com/originals/16/37/3a/16373ae92d0d12ad
89d2871c5f5d4c4c.jpg）

地实现海绵目标。例如，收集屋顶硬质地面和其他标高屋顶（如电梯机房、出屋面楼梯间）、平台的雨水径流，通过设计常水位和最高水位保证屋顶水景滞留一定雨水。

同时，水景也会增加屋顶排水设施负荷，对防水层的设计提出了更高要求，必要时可在防水层上面增加保护材料。

11.6　施工

绿色屋顶应根据各地的相关规范和技术要求进行施工，基本要求如下：

施工前应进行设计交底，明确细部构造和技术要求，并编制施工方案，进行技术交底和安全交底。

绿色屋顶必须进行两次蓄水检测实验，第一次在屋顶绿化施工前进行，第二次在苗木种植前，每次闭水时间必须大于96h（4d）。施工应在防水工程完毕并通过蓄水试验检验合格后进行，后续施工不得造成防水层破坏。

防水材料、排（蓄）水板、种植介质和植物材料等屋顶绿化工程材料进场后，应按规定抽样复验，并提供检验报告，非本地植物应提供病虫害检疫报告。

进场的植物宜在6h之内栽植完毕，未栽植完毕的植物应及时喷水保湿，或采取临时假植措施。

（1）排（蓄）水层和过滤层

排（蓄）水设施施工前应根据屋顶坡向确定整体排水方向，并根据坡向从低点向高点铺设。排（蓄）水层应铺设至排水沟边缘或水落口周边。过滤层无纺布应空铺于排（蓄）水层之上，铺设平整、无皱折，搭接宽度不应小于150mm，边缘沿种植挡墙上翻至与种植介质高度一致。

（2）种植介质层

种植介质进场后应及时摊平铺设、分层踏实，平整度和坡度应符合竖向设计要求。摊铺后的种植介质应采取表面覆盖或洒水措施，以防止扬尘。

（3）植被层

小乔木、灌木种植深度应与原种植线持平，填土应分层踏实。移植带土球的树木应拆除不易腐烂的包装物，调整最佳观赏面。

根据植株高低、分蘖多少、冠丛大小确定地被植物栽植的株行距。种植深度应为原苗种植深度，并保持根系完整，不得损伤茎叶和根系。

新植苗木宜在当天浇透水，10天内浇透3次水。植物固定应牢固，绑扎树木处应加软质垫衬，不得损伤枝干。

种植容器安装时应避开落水口、檐沟等部位，不得将容器安装或放置在女儿墙上和檐口部位。

（4）铺装

园路铺装施工不得阻塞屋顶排水系统，应确保排水畅通。园路铺装基础应稳固，铺装表面应平整，不得积水。硬质铺装基层、面层所用材料的品种、质量和规格应符合设计要求。面层与基层的粘结应牢固，无空鼓，无松动。

（5）附属工程

①园林小品施工应保证屋顶防水、排水和屋顶原构筑物的安全。

②安全防护栏杆应安装牢固，整体垂直平顺，并作防腐防锈处理。

③花架应作防腐防锈处理。

④园亭整体应安装稳固，顶部应采取防风揭和防雷措施。

⑤灌溉系统支管或末级管道应铺设在排（蓄）水层的上面；管道设施的套箍接口应牢固、对口严密，并应设置泄水设施；灌溉设施喷洒至防水层泛水部位，不应超过绿地种植区域。

⑥防雷装置的连接应牢靠，应采用电焊或气焊，不得采用绑接和锡焊；当引下线较长时，应在建筑物的中间部位增加均压环。

（6）安全施工规定

①施工中应注意成品保护。

②屋顶周边和预留孔洞部位应设置安全防护。

③雷、雨、雪和风力4级及以上天气时，屋顶施工应停止。

④施工现场应设置必要的消防设施。

⑤种植介质进场后应避免雨淋，散装种植介质应有防尘措施。

11.7　运行和维护

好的绿色屋顶设计会尽量减少维护需求，但仍然有必要建立一套健全的绿化养护管理制度。新建的绿色屋顶最好能持续养护18个月，让植物能逐渐适应屋顶环境。绿色屋顶的养护主要包括植物灌溉、施肥、修剪等以及设施的维护。

（1）灌溉

①根据植物种类、季节和天气情况及所处环境实施灌溉。

②屋顶绿化宜采用少量频灌的方法进行灌溉。

③春季宜根据天气情况提早浇灌返青水；夏季应早晚浇水，避免中午暴晒时浇水；冬季应适当补水，以保证屋顶种植介质能达到的基本保水量。

（2）施肥

①通过控肥措施来控制屋顶绿化植物生长。

②可根据植物生长年份、植物生长周期和季节等情况，适当补充环保、长效的有机肥或复合肥。

③定期检查屋顶种植介质的厚度并及时补充。

（3）修剪

①定期修剪控制植物生长，确保屋顶荷载和防风安全。

②及时拔除外来野生植物种类，避免危及屋面防水安全。

③选用多年生攀缘植物时，秋、冬两季应进行强修剪。

（4）植栽防护

①根据屋顶植物种类、季节和所处环境不同，及时采取防风、防晒、防寒和防火措施。

②新植苗木或不耐寒的植物应采取搭设风障、包裹树干、阻燃覆盖物覆盖等御寒措施。

③多年生的地被植物，在秋末冬初宜及时进行地上部位修剪，以防火灾。

（5）设施维护

①定期检查植物支撑、牵引材料的稳固性，保证安全。

② 定期检查排水沟、水落口和检查井等排水设施，及时疏通排水管道。

③ 保持给排水设施外露部分的清洁和完整，冬季应采取防冻措施。

④ 特殊天气（大风、暴雨、冰雹、雷电等）后，应及时检查相关屋顶设施，损坏的设施应及时修复。

11.8　示例

11.8.1　项目背景

奥克兰低影响创新设计补助项目委员会出资为 Wynyard Quarter 地标位置建造一个 $52m^2$ 的游客亭。该游客亭利用创新的模块化系统来建造绿色屋顶，实现雨水削减和隔热。图 11-7 展示了该绿色屋顶建设前后的对比效果。

11.8.2　技术创新

Wynyard Quarter 游客中心的绿色屋顶使用了 LiveRoofe 新型模块化标准设计。LiveRoofe 模块是装有 80% 轻质石、20% 松树皮堆肥和少量沸石的塑料盘，介质厚度达到 100mm。塑料盘设计有排水槽，方便排水并可促进植物根系在模块内生长。在安装模块前，植物会在其中种植约 3 个月，以达到 70% ～ 90% 的覆盖率。

Wynyard Quarter 游客亭绿色屋顶选择的植物种高度一般绿色屋顶所使用的稍微高一些。游客在马路上很容易看到屋顶的植物，有助于向公众展示。

模块化绿色屋顶带来的益处包括：

① 减少冲刷和风力侵蚀。由于雨水冲刷或风力侵蚀，某些绿色屋顶存在基底位移的问题，而使用小型的固定模块有助于避免基底损坏。

安装前

安装后

图 11-7　绿色屋顶安装前后对比照片

② 模块在安装前就已完成植物种植并达到一定的覆盖率,减少了一般绿色屋顶所存在的植物生长困难问题。

③ 容易维修。小型模块的灵活性使任何的渗漏都可以被轻易发现,同时方便完成维护或更换。

11.8.3　建设步骤

① 绿色屋顶模块装填。在空的绿色屋顶模块内装入标准土壤或种植介质(图 11-8)。

②模块种植。在介质上种植适宜的植栽,养护 3 个月左右(图 11-9)。

③ 在屋顶表面安装防水层(图 11-10)。

④ 安装模块。预先种植好的植物模块被直接安装在防水层上(图 11-11)。屋顶边界区域安装铝制栅栏,提供安全防护。

11.8.4　建设效果

Wynyard Quarter 绿色屋顶于 2012 年 4 月建成,完工效果如图 11-12 所示。游客亭中备有详细的说明资料,以便向公众解释建造绿色屋顶的目的和益处,建设完成后该项目引起了大量游客的关注。

图 11-8　绿色屋顶种植介质装填

图 11-9　绿色屋顶模块种植

图 11-10　绿色屋顶防水层安装

图 11-11 绿色屋顶模块安装

图 11-12 完工后的绿色屋顶

土地保护研究所在游客亭内放置了永久性温度监测探头,用以监测绿色屋顶安装前后的温差,数据显示绿色屋顶的隔热作用减缓了游客亭的温度变化。同时,绿色屋顶还削减了雨水径流,为当地的无脊椎动物和鸟类提供了生存空间。

第3篇　典型案例

城市化导致产汇流的增加。与此同时，其所引起的面源污染主要集中在城市各类建筑、小区、道路与广场等硬质下垫面上，因此要依托海绵城市典型设施，从源头入手，减少径流排放。海绵设施的建设要充分利用地形地貌，合理组织雨水径流排放；充分利用下垫面自然条件，提高雨水渗、滞、蓄的功能，延缓雨水径流，降低径流峰值流量，同时涵养水资源；充分利用天然植被、土壤、微生物等净化水质；通过源头减排、过程控制、系统治理，统筹建设自然积存、自然渗透、自然净化的海绵城市。

为帮助读者更好地学习海绵城市典型设施的做法，本书特设案例篇。该篇以国内外典型项目为基础，选取了新西兰奥克兰 Totara 流域雨水塘系统设计、重庆国际博览中心、宿迁筑梦小镇、连云港新丝路公园海绵设计等几个项目进行详细介绍。案例展示了如何从场地评估、设计目标、设计方法、设计方案几个环节进行海绵城市典型设施的设计思路。其中在设计方案部分，就场地竖向分析、排水分区划分、设施平面布局、规模计算等关键问题进行了详细说明，图文并茂，便于读者参考使用。

12 新西兰奥克兰 Totara 流域雨水塘设计

12.1 项目背景

该项目位于奥克兰西部，片区汇水面积约为 155hm²。市政府拟开发西南部分约 1/4 片区面积的土地。根据该片区所在的流域综合管理规划（相当于中国的海绵规划）划分的雨水管控分区单元，雨水指标控制点为该片区汇水范围出口（图 12-1）。要求开发后实现片区的水质保护、生态缓排、2 年和 10 年一遇流量峰值控制指标。片区内部指标可以通过项目设计平衡解决。

雨水管控指标的实现是土地开发的前置必要条件。为了实现此目标，开发商需要投入一定资金，建设配套低影响（海绵）雨水处理设施。生态缓排、流量峰值控制需要蓄滞控制设施。前期研究表明，对于新建片区，大量分散的地块级别源头设施的综合建设投资、运行维护费用和效益，不及相对集中的建设模式更为经济。因此，针对该片区的雨水管控策略市政府选择相对集中建设，利用本地丘陵地形和公园用地，通过统一的研究分析，建设分散的雨水塘解决水质保护、生态缓排和峰值控制指标问题。因而，每一地块建设不再受雨水管控指标制约。这些雨水塘以及相关的雨水管网等的建设费用，根据土地开发程度，由开发商共同分摊。

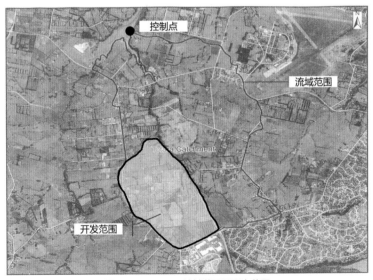

图 12-1 Totara 流域范围及研究范围

　　本案例展示了以汇水片区或管控分区为途径的多级海绵控制指标的设计方法。综合指标的雨水塘设计比较复杂，限于篇幅，本案仅仅展示根据本导则设计的主要步骤和雨水塘施工图的大致内容。

　　该案例自 2007 年雨水管理策略研究、2008 年辅助城市设计配套的雨水塘方案优化至 2009 年雨水塘水力设计、2012 年施工图复合，全过程由 URS 和 Ewaters New Zealand 合作完成。

12.2　场地评估

12.2.1　集水区

　　拟建雨水塘的汇水范围依据水系、高程和土地利用规划而划定（图 12-2）。各雨水塘的汇水面积如表 12-1 所示。

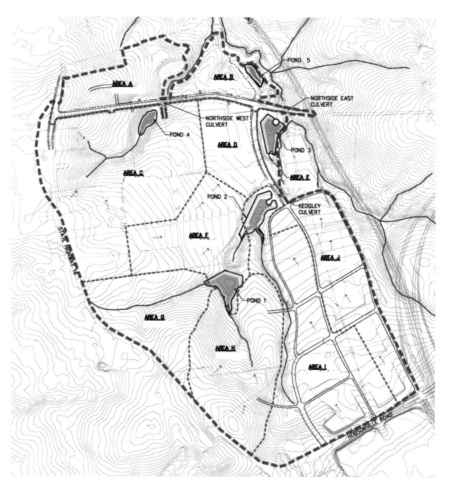

图 12-2　Totara 设计雨水塘汇水范围

雨水塘编号	汇水面积（hm²）
Pond 1	31.29
Pond 2	44.36
Pond 3	35.19
Pond 4	24.79
Pond 5	4.49

Totara 设计雨水塘汇水面积　　　　　　　表 12-1

12.2.2　土地利用

现状土地利用（图 12-3）主要为园艺用地和农业用地，包括农田、牧场、苗圃和防护林等。该地区原生植被较少，林木植被沿河流分布，多为外来物种，不透水率约为 6%。

根据城市规划，地块开发后土地利用类型主要为商业用地、工业用地、居住区、绿地、道路等，具体分布见图 12-4。

图例
　农业用地
　村庄
　居住区

图12-3　Totara 流域范围内现状用地

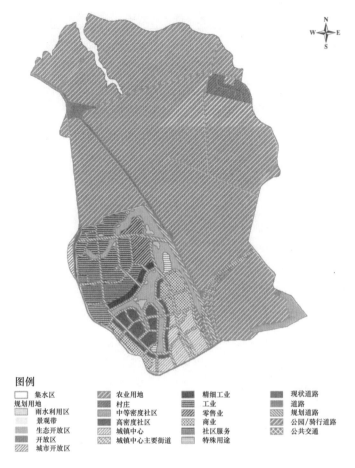

图例
☐ 集水区	▨ 农业用地	▨ 精细工业	▨ 现状道路
规划用地	▨ 村庄	▤ 工业	▨ 道路
▨ 雨水利用区	▨ 中等密度社区	▨ 零售业	▨ 规划道路
▨ 景观带	▨ 高密度社区	▨ 商业	▨ 公园/骑行道路
▨ 生态开放区	▨ 城镇中心	▨ 社区服务	▨ 公共交通
▨ 开放区	▨ 城镇中心主要街道	▨ 特殊用途	
▨ 城市开放区			

图12-4　Totara 流域范围内规划用地

12.3　目标与指标

　　雨水塘的主要目标是缓解城市开发对流域水环境的影响，减少径流峰值与污染，保护水生态。其具体指标包括：水质保护指标（为 90% 场次的降雨提供永久调蓄容积）、生态缓排指标（为 95% 场次的降雨提供缓排容积），以及峰值控制指标（开发后 2 年一遇以及 10 年一遇 24h 设计降雨汇水范围径流峰值流量不大于开发前相同频率峰值流量）。

12.4　设计思路

12.4.1　水力计算

　　选用 SCS 径流计算法计算水质保护、缓排、削峰容积等。其中水文参数、降雨量等参照水文设计手册，汇流时间、径流路径等汇水区特征采用 ArcGIS 分析结果。计算过程如下：

（1）计算水质保护容积（*WQV*）

根据水质保护指标对应的设计降雨计算水质保护容积。

（2）水质保护容积为不外排的永久容积。根据本地规范，因雨水塘提供生态缓排和峰值控制容积，因而只需要水质保护容积的 50% 作为不外排容积，即 1/2*WQV*。

（3）水位估算

利用各个拟建的雨水塘水位—容积关系，根据永久容积查得相应的不外排控制水位。

计算结果如表 12-2。

Totara 水质保护容积及不外排控制（永久）水位计算结果　　表 12-2

雨水塘编号	*WQV*（m³）	1/2 *WQV*（m³）	永久水位（m）
Pond 1	5090	2545	31.30
Pond 2	7427	3713	24.18
Pond 3	5921	2960	19.40
Pond 4	3464	1732	25.00
Pond 5	672	336	17.50

（4）计算生态缓排容积

根据生态缓排指标和本导则中关于雨水塘的设计方法，计算生态缓排容积和相应的缓排孔口径。在确定各雨水塘永久水位后，本案例利用模型迭代计算雨水塘的各部分容积和相应的排水控制设施（孔口、排水堰）的水力参数。

12.4.2　模型模拟主要步骤

应用 Infoworks CS 构建雨水塘系统水文水力模型（模型概化见图 12-5），首先计算控制点开发前的各设计降雨条件下的流量、流速，然后通过模拟确定各个雨水塘不同重现期降雨条件下的水位和容积。具体原理请参考雨水塘各部分容积计算和排水设施规模参数计算方法。通常，在确定不外排水位（永久水位）后，需进行以下计算：

① 计算生态缓排容积。假设缓排孔口直径（底高程设置于永久水位），利用 24h 生态缓排相应的设计雨量和雨型，通过模型对孔口直径—缓排时间试错迭代，得出达到缓排要求的相应容积、雨水塘水位，确定孔

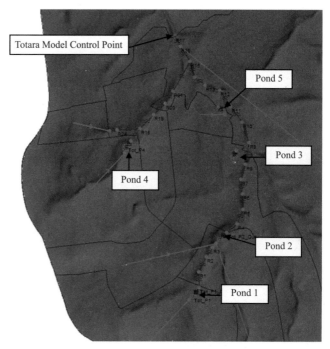

图12-5　Totora 模型网络概化图

口直径。

② 计算 2 年一遇削峰容积。以永久水位为起调水位，以生态缓排容积相应的水位设置 2 年一遇泄流堰，假设堰宽，控制入流外排。根据 2 年一遇设计降雨过程，通过模型对堰宽—雨水塘出流峰值流量试错迭代，得出达到峰值流量不大于开发前条件时的相应容积、雨水塘水位，以及泄流堰宽度。

③ 计算 10 年一遇削峰容积。以永久水位为起调水位，生态缓排孔口、2 年一遇泄流堰参与排水计算。10 年一遇泄流堰高程设置于雨水塘 2 年一遇峰时水位，假设 10 年一遇泄流堰宽，控制入流外排。根据 10 年一遇设计降雨过程，通过模型对堰宽—雨水塘出流峰值流量试错迭代，得出达到峰值流量不大于开发前条件时的相应容积、雨水塘水位，以及泄流堰宽度。

④ 大于 10 年一遇的暴雨入流不控制外排，因而 10 年一遇雨水塘水位设为紧急泄洪水位，或根据地形地质和下游条件，设置泄流建筑物或泄洪道。

本项目采用多个雨水塘串、并联作为排水片区整体的雨洪管理骨干措施，考核控制点在流域下游片区出口，因而可以通过雨水塘之间规模协调和系统优化，获得雨水塘对片区雨洪控制的最佳效果。

模拟结果显示地块开发前后，控制点在不同频次降雨条件下相应的流量和流速峰值与现状保持一致，达到规范要求（表12-3、图12-6）。

Totara 开发前后控制点最大流量及流速　　　　　　　　　表 12-3

	2 年一遇最大流量（m³/s）	2 年一遇最大流速（m/s）	10 年一遇最大流量（m³/s）	10 年一遇最大流速（m/s）
现状	7.43	1.85	17.94	2.15
规划	7.00	1.81	17.99	2.15

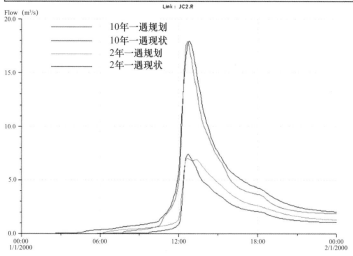

图 12-6　Totara 开发前后控制点最大流量对比图

12.5　设计方案

12.5.1　设计基本参数

根据模型模拟结果，该项目建造的 5 个雨水塘基本设计参数如表 12-4 所示。

Totara 雨水塘基本设计参数　　　　　　　　　表 12-4

雨水塘编号	永久水位		2 年一遇水位（m）	10 年一遇水位（m）
	直径（mm）	水位（m）		
Pond 1	325	31.3	32.46	32.64
Pond 2	300	24.18	25.35	25.78

续表

雨水塘编号	永久水位		2年一遇水位（m）	10年一遇水位（m）
	直径（mm）	水位（m）		
Pond 3	250	19.40	20.30	20.58
Pond 4	225	25.00	26.2	26.50
Pond 5	100	17.5	17.87	18.00

各雨水塘不同重现期的设计容积见表12-5。

Totara雨水塘不同降雨频次下设计容积　　　表12-5

雨水塘编号	2年一遇（m³）	10年一遇（m³）	1/2WQV + 10年一遇（m³）
Pond 1	9200	12720	15265
Pond 2	8449	13376	17090
Pond 3	10694	14882	17843
Pond 4	5068	5813	7545
Pond 5	795	989	1264

12.5.2　雨水塘详细设计方案

确定雨水塘参数后对5个雨水塘进行了详细设计，包括进水口、前池、主池、维护通道、护坡及驳岸、泄洪通道等。以5号雨水塘为例，其平面设计见图12-7。为检修方便在出水口设置检修楼梯，并设置鱼道，方便鱼类迁移活动，详见图12-8。

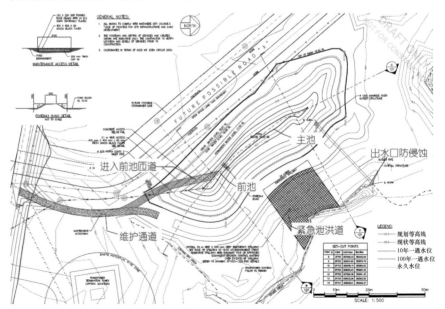

图12-7　Totara5号平面设计图

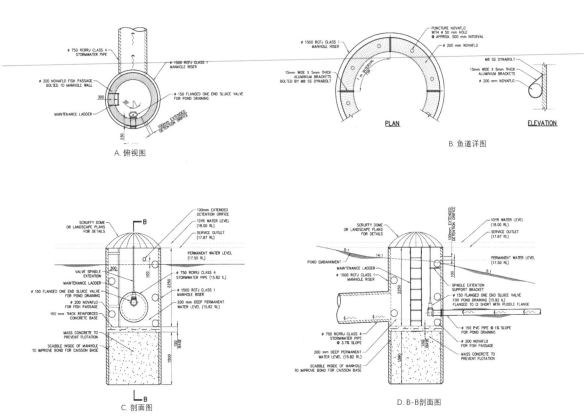

A. 俯视图

B. 鱼道详图

C. 剖面图

D. B-B剖面图

图 12-8 Totara 雨水塘 5 排水井详图

图 12-9 Totara 雨水塘 5 建成后 Google Map 实景图

12.6　总结

该项目针对汇水范围广、开发面积大、水质保护和洪涝控制等综合要求高的特点，选择了组合式雨水塘进行雨洪管理。同时实现了水质保护、生态缓排、峰值控制指标，保证土地开发后，控制点 2 年一遇及 10 年一遇 24h 设计暴雨外排峰值流量不大于开发前相同频率暴雨峰值流量。除此之外，还考虑了鱼道、维护运行等附属设施等细节，对流域雨洪管理设施的设计具有指导意义。

13 重庆国际博览中心海绵方案设计

13.1 项目背景

重庆国际博览中心（以下简称"重庆国博中心"，图 13-1）位于悦来新城，于 2013 年投入运营，是一座集展览、会议、餐饮、住宿、演艺、赛事等多功能于一体的现代化会展中心，总建筑面积约 60 万 m²，其中室内展览面积约 20 万 m²。在会展中心建筑中，其总建筑面积为全国第二、西部地区第一。

重庆国博中心西临嘉陵江，东与会展公园一路之隔，北侧和南侧分别以同茂大道和国博大道为界，是重庆市海绵城市试点区内最大的单体建筑，同时也是试点区内公共建筑项目海绵改造的重点工程、重庆市探索山地海绵城市建设的首个实践工程。

13.2 场地评估

重庆国博中心雨水系统海绵改造前需对场地进行系统评估，包括地形特征、气象条件、下垫面状况、管网排水能力与洪涝风险，为分析海绵改造需求、重点难点以及设计目标和设计思路提供指引。

13.2.1 气象条件

重庆国博中心所在地区属于亚热带湿润季风性气候，年平均降雨量约为 1000 ～ 1450mm，大部分降雨集中在 6 ～ 9 月。设计降雨的雨峰偏前，雨型尖陡（图 13-2、图 13-3）。重庆国博中心所在的渝北区年均水面蒸

图 13-1 重庆国博中心俯瞰图

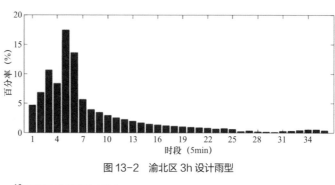

图 13-2 渝北区 3h 设计雨型

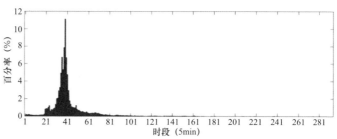

图 13-3 渝北区 24h 设计雨型

发量 1193mm，其中 5 ～ 9 月蒸发量较大，占全年蒸发量的 60% ～ 70%。

13.2.2 地形特征

重庆国博中心所在地区具有典型的山地城市特征，地形高差大（图 13-4），道路纵坡大，地面径流流速快，汇流时间短。其入口多功

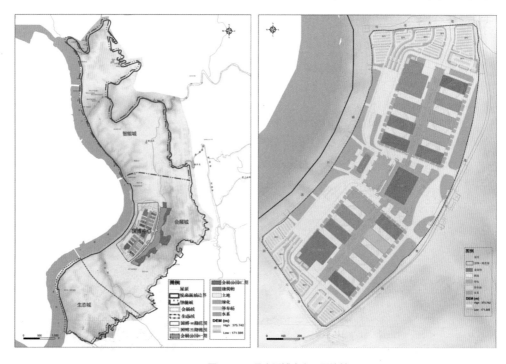

图 13-4 重庆国博中心及周边地形

能厅前悦来大道东侧的会展公园山体高程在 340 ~ 270m 之间，位于国博中心区段的滨江路高程约 206 ~ 226m，滨江路到嘉陵江岸的高程介于226 ~ 171m 之间。同时，其周边道路坡度大，国博大道（悦来大道—滨江路）纵坡约 7.2%，同茂大道（悦来大道—滨江路）纵坡约 5.1%。

13.2.3　地质土壤

重庆国博中心建设前的原始地貌为构造剥蚀丘陵地貌，在建设中进行了平整和挖填方。人工填土分布在整个场地，由粉质黏土夹砂、泥岩碎块石等组成，含少量混凝土块等建筑垃圾，部分地区填方深度达 20m 以上。

13.2.4　下垫面情况

重庆国博中心用地总面积约 1.13km²。海绵改造前，屋顶和不透水硬地约占总用地面积的 69.2%，道路约占 17.9%，绿化约占 12.9%（表 13-1）。

重庆国博中心海绵改造前的下垫面类型　　　　　　表 13-1

下垫面	面积（m²）	面积占比
绿地	145431	12.9%
道路	202860	17.9%
屋顶	277562	24.5%
不透水硬地	505346	44.7%
总用地面积	1131199	12.9%

13.2.5　方案设计策略

场地评估显示重庆国博中心在 50 年一遇 3h 设计降雨下无内涝发生，因此排水防涝不是其海绵改造的重点。但展会期间由于人流及车流量大，展品进出场、观众进出展馆期间产生的污染物可能会随着降雨冲刷形成大量面源污染，汇入嘉陵江。《重庆市悦来新城典型下垫面初期雨水水质研究》课题成果表明：悦来新城初期雨水污染物浓度较大，屋面平均 COD 浓度为 50 ~ 100mg/L，平均 SS 浓度为 50 ~ 100mg/L；道路平均 COD 浓度为 300 ~ 500mg/L，平均 SS 浓度为 500 ~ 1000mg/L。因此，重庆国博中心的降雨径流污染削减是海绵改造的重点之一。

另外，重庆国博中心的绿化面积约为 14.5hm²，道路面积约为 20hm²。按照重庆市绿化和道路日均浇洒水量的统计值估算，夏季其绿化和道路日均浇洒最高水量约 2600m³。如果这些水全部用自来水将非常浪费水资源，而且对于重庆国博中心这样地形高差大的区域来说供水需要的提升动力和成本较高。因此重庆国博中心的雨水收集与利用是海绵改造的另一个重点。

重庆国博中心是重庆海绵城市建设示范的重要区域，其海绵改造需注意以下要点。

① 重庆国博中心的日常运营状况良好，其改造不能影响场馆的正常运营，不能大面积同时施工。

② 重庆国博中心场馆的屋顶采用了镂空钢结构，面积巨大，且前期设计未考虑土壤及植物荷载，导致绿化改造施工难度大、成本高，故不考虑进行屋顶绿化改造。

③ 重庆国博中心的屋顶雨水经屋顶虹吸雨水斗和室内雨水立管收集排入周边道路雨水排水系统。在不破坏现有建筑的原则下，屋顶雨水不便单独收集，只能在屋顶雨水汇入道路雨水管之后，在适当区域建设雨水收集调蓄设施。

④ 目前用地内植被绿化良好，且有大量的高价值乔木，生长情况良好。在海绵改造中应尽可能保留或少动这些乔木。改造后的景观需与现状景观协调。

13.3　目标与指标

重庆国博中心的海绵雨水系统改造的主要目标是削减面源污染，增加雨水资源利用，保护生态环境。具体指标如下。

① 水质保护设计目标确定为年径流总量75%控制率对应的设计降雨20.9mm，期望实现50%的SS削减率；

② 雨水资源的自来水年替代率大于等于3%，实现最大化利用雨水径流资源；

③ 山地城市水土流失风险较大，海绵改造还应考虑对下游水体水生态的保护，减少泥沙冲蚀，在设施设计时需设置滞蓄容积，满足生态缓排指标，控制95%降雨场次的设计雨量，经过滞蓄24h后才能排空。

13.4　设计思路

充分考虑现状地形、管网、下垫面、降雨径流特征等条件，进行排

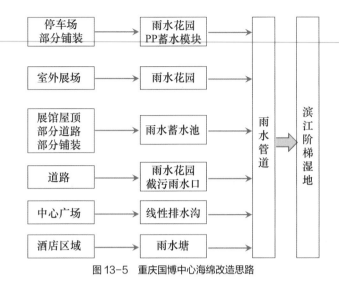

图13-5 重庆国博中心海绵改造思路

水分区综合分析，根据现状的改造条件和指标，确定每个区域适宜的海绵设施类型，并进行规模测算和模拟调整优化。

注重源头分散处理、过程控制，充分利用地形落差实现雨水资源的上蓄下用（采取高台地蓄水低台地利用以节省能耗），位于下游的雨水塘和滨江湿地对区域雨水径流进行末端处理。通过源头、中途和末端的共同控制实现雨水径流污染削减，滞蓄缓排和雨水资源综合利用。整体设计思路如图13-5所示。

（1）道路

重庆国博中心区域内的道路均已建成，台地与台地之间的道路设置有挡墙，道路雨水径流难以进行大面积改造。针对道路两边有绿化条件的区域建设雨水花园，处理道路雨水径流污染；对于难以改造的区域在雨水口增加截污设施，避免树叶、烟头等垃圾进入雨水管道。

（2）屋顶

重庆国博中心建筑物包括中心展馆、台地商铺及温德姆酒店，均已建成。中心展馆及温德姆酒店为钢结构镂空屋顶，台地商铺为平屋顶。由于屋顶在设计之初未考虑绿化荷载，本次改造不考虑绿色屋顶，而是将展馆屋顶、周边道路及铺装的雨水通过管道收集，汇入雨水调蓄池经初步处理后缓排或再利用。

（3）不透水硬质铺装

重庆国博中心不透水硬质铺装主要分布在南北停车场、室外展场及会展广场。针对停车场，利用下沉式雨水花园对现有停车位进行改造，处理停车场雨水径流。针对室外展场，局部建设雨水花园。会展广场目前采用了大量的优质花岗岩铺装，考虑到施工对展览运营的影响和相关成本，对广场本身未进行海绵改造，而是利用现有的线性沟收集雨水，通过管道进入滨江湿地处理后再排放。

（4）利用现有的绿地空间与海绵设施结合改造

重庆国博中心现有绿地景观良好，根据现状、排水管道分布和高程，可与海绵设施结合的绿地空间包括以下几类。

① 会议展览馆东侧景观绿地

会议展览馆东侧景观绿地现状为银杏树阵及桂花树景观，为国博中心主要景观元素，为避免破坏景观不宜进行大规模的海绵改造。但根据排水管网分析结果，该区域又是屋顶雨水收集设施唯一可能设置的位置。因此，在保留现有乔木的前提下，修建地下雨水收集池，收集会议展览馆屋顶雨水。

② 温德姆酒店前方景观绿地

温德姆酒店前方景观绿地以灌木、草坪为主，相对国博中心地势较低，可进行部分改造，增加雨水塘，汇集上游雨水径流，实现水质保护和生态缓排指标。

③ 滨江公园

滨江公园土建基本完成，绿化景观尚未完工，部分地块为临时苗圃基地。由于滨江公园位于区域最下游，南北区域的雨水排口均位于滨江公园内，因此可利用高程落差修建阶梯层级雨水湿地，进一步净化雨水径流污染。

13.5 设计方案

重庆国博中心海绵改造总体平面布局以及汇水分区如图13-6所示。主要工程包括南区和北区各3个雨水蓄水池、1个雨水塘、1个滨江湿地、1个室外展台雨水花园改造，以及停车场生态改造。

通过各分区的设计指标进行滞蓄容积计算，统筹考虑上下游设施雨水径流处理的关系，分析海绵设施规模，并采用模型进行复核优化，最终确定设施规模（表13-2）。

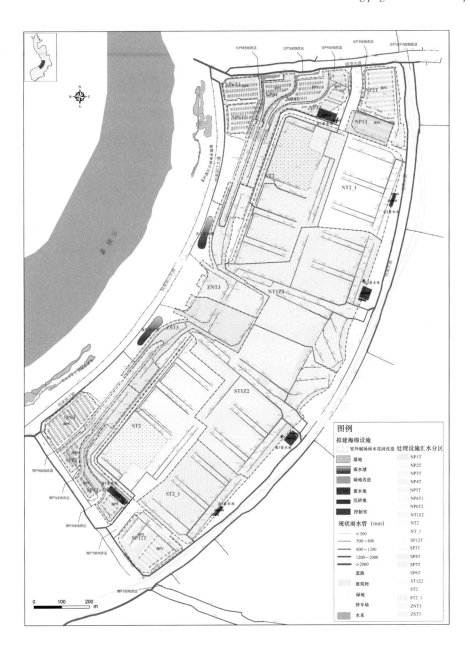

图13-6　重庆国博中心海绵改造海绵设施布局与汇水分区

重庆国博中心海绵改造设施统计量　　　　表 13-2

序号	名称	容积（m³）	汇水面积（m²）	备注
1	南区 1 号蓄水池	5250	218505	包括 1800m³ 缓排容积
2	南区 2 号蓄水池	1650	157499	—
3	南区 3 号蓄水池	3900	191684	—
4	北区 1 号蓄水池	6000	220601	包括 2000m³ 缓排容积
5	北区 2 号蓄水池	2000	148384	—

续表

序号	名称	容积（m³）	汇水面积（m²）	备注
6	北区 3 号蓄水池	4200	194788	—
7	南区雨水塘	3000	49000	包括 1000m³ 缓排容积
8	北区雨水塘	3000	44600	包括 1000m³ 缓排容积
9	南区滨江公园雨水湿地	7200	784889	—
10	北区滨江公园雨水湿地	7400	1368651	—
11	南区改造雨水花园面积	4765	56059	—
12	北区改造雨水花园面积	5740	66745	—

13.5.1　蓄水池设计

在高台地建设蓄水池蓄水，回用于低台地绿化和道路浇洒，充分利用地形落差实现雨水资源收集与利用，节省泵水能耗（图 13-7）。

13.5.2　雨水塘设计

南北两个雨水塘的面积均为 3000m²，有效调蓄容积各为 1000m³，通过雨水管网收集滞蓄国际会议中心、温德姆酒店及附近台地共约 9.36hm²范围的径流（图 13-8）。雨水径流通过管网接入雨水塘前池完成悬浮颗粒物沉淀后，溢流进入主塘进行水质净化和调蓄缓排。雨水塘设计还考虑了与周边景观的协调，在发挥雨水径流控制效益的同时，实现生态景

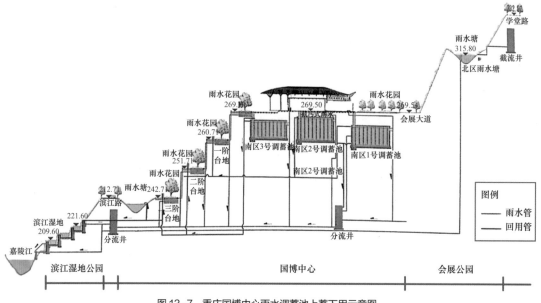

图 13-7　重庆国博中心雨水调蓄池上蓄下用示意图

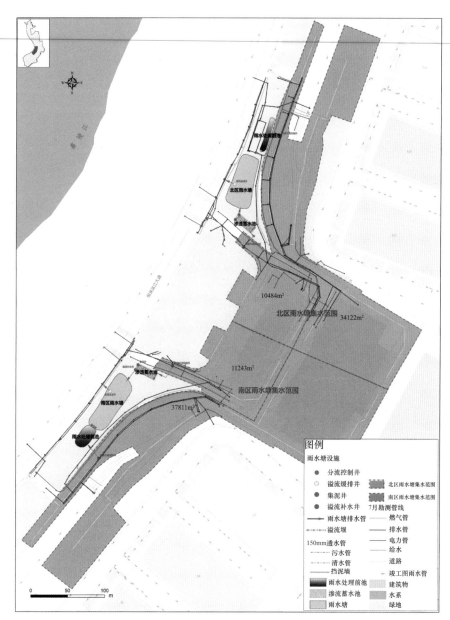

图 13-8 重庆国博中心雨水塘的雨水收集范围

观与休憩亲水等多重功能。

南、北区雨水塘均考虑了缓排容积，通过模拟计算确定缓排溢流口高程和溢流孔尺寸参数、前池规模、雨水塘水位等，实现了 95% 降雨场次的设计雨量 24h 排出。具体设计参数与工程布局见图 13-9、图 13-10。

南、北区雨水塘景观水深 1.5m，滞蓄水深 0.5m，安全超高 0.5m。雨水塘位于国博中心填方区域，因此底部需进行防渗处理，避免影响地基稳定。同时，设计时还考虑了雨水塘的景观效果，使其能融入周围环境，成为国博中心的亮点之一。景观效果如图 13-11 所示。

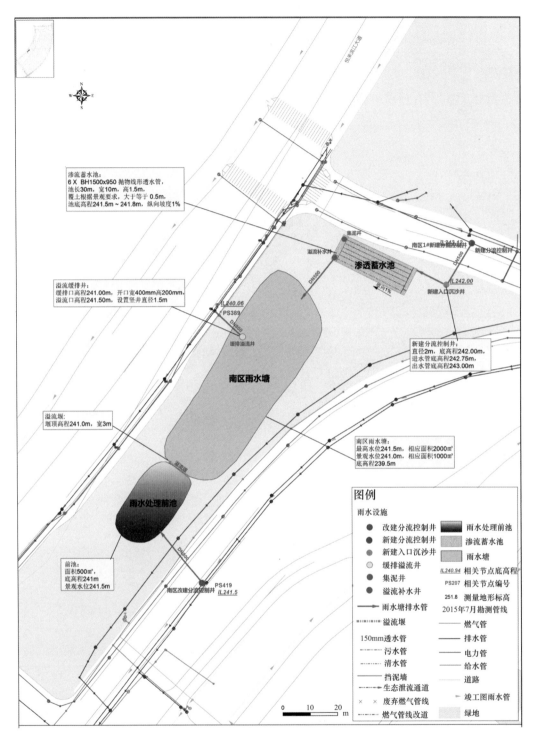

渗流蓄水池：
6 X BH1500x950 抛物线形透水管，
池长30m，宽10m，高1.5m，
覆土根据景观要求，大于等于0.5m，
池底高程241.5m～241.8m，纵向坡度1%

溢流缓排井：
缓排口高程241.00m，开口宽400mm高200mm，
溢流口高程241.50m，设置竖井直径1.5m

溢流堰：
堰顶高程241.0m，宽3m

前池：
面积500m³，
底高程241m，
景观水位241.5m

集泥井

溢流补水井

渗透蓄水池

南区1#新建污水检查井

新建分流控制井

IL242.00

新建入口沉沙井

新建分流控制井：
直径2m，底高程242.00m，
进水管底高程242.75m，
出水管底高程243.00m

IL240.06
PS389

缓排溢流井

南区雨水塘

南区雨水塘：
最高水位241.5m，相应面积2000m³，
景观水位241.0m，相应面积1000m³，
底高程239.5m

雨水处理前池

PS419
IL241.5

南区改建分流控制井

图例

雨水设施

● 改建分流控制井
● 新建分流控制井
● 新建入口沉沙井
○ 缓排溢流井
● 集泥井
● 溢流补水井

━━ 雨水塘排水管

▨ 溢流堰

150mm透水管

----- 污水管

----- 清水管

━━ 挡泥墙

생태 生态泄流通道

× × 废弃燃气管线

燃气管线改道

▨ 雨水处理前池

▨ 渗透蓄水池

▨ 雨水塘

IL240.94 相关节点底高程

PS207 相关节点编号

251.8 测量地形标高

2015年7月勘测管线

━━ 燃气管

━━ 排水管

━━ 电力管

━━ 给水管

━━ 道路

→ 竣工图雨水管

▨ 绿地

0   10   20
━━━━━━━━━ m

图13-9　重庆国博中心南区雨水塘进出水控制设计参数

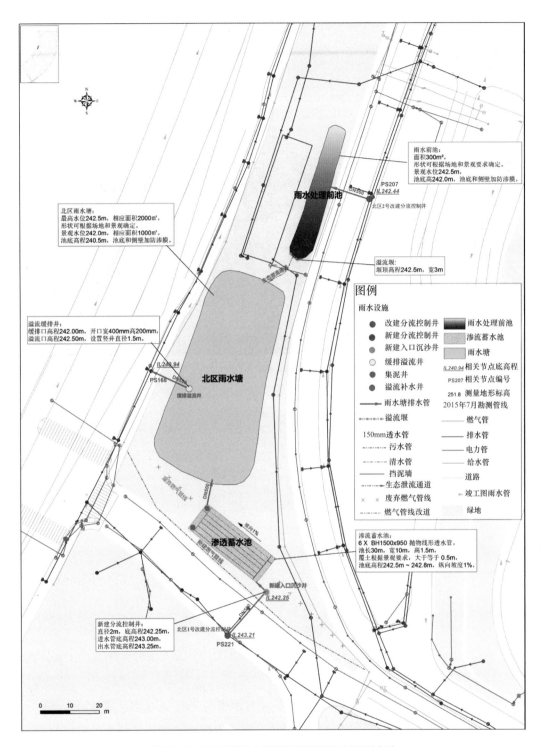

雨水前池：
面积300m²，
形状可根据场地和景观要求确定。
景观水位242.5m，
池底高242.0m，池底和侧壁加防渗膜。

雨水处理前池

PS207
DN500 IL242.44
北区2号改建分流控制井

北区雨水塘：
最高水位242.5m，相应面积2000m²，
形状可根据场地和景观确定。
景观水位242.0m，相应面积1000m²，
池底高程240.5m，池底和侧壁加防渗膜。

溢流堰：
堰顶高程242.5m，宽3m

图例

雨水设施

● 改建分流控制井	▬ 雨水处理前池
● 新建分流控制井	▨ 渗流蓄水池
● 新建入口沉沙井	▨ 雨水塘
○ 缓排溢流井	
● 集泥井	*IL240.94* 相关节点底高程
● 溢流补水井	PS207 相关节点编号
	251.8 测量地形标高
▬▬ 雨水塘排水管	2015年7月勘测管线
▬▬ 溢流堰	▬▬ 燃气管
150mm透水管	▬▬ 排水管
▬▬ 污水管	▬▬ 电力管
▬▬ 清水管	▬▬ 给水管
▬▬ 挡泥墙	▬▬ 道路
▬▬ 生态泄流通道	▶ 竣工图雨水管
× 废弃燃气管线	▨ 绿地
▬▬ 燃气管线改道	

溢流缓排井：
缓排口高程242.00m，开口宽400mm高200mm，
溢流口高程242.50m，设置竖井直径1.5m。

IL240.94
PS168
DN500
北区雨水塘
缓排溢流井

渗透蓄水池

渗流蓄水池：
6 × BH1500x950 抛物线形透水管，
池长30m，宽10m，高1.5m。
覆土根据景观要求，大于等于0.5m。
池底高程242.5m ~ 242.8m，纵向坡度1%。

新建入口沉沙井
IL242.25

新建分流控制井：
直径2m，底高程242.25m，
进水管底高程243.00m，
出水管底高程243.25m。

北区1号改建分流控制井
IL243.21
PS221

0 10 20
m

图13-10　重庆国博中心北区雨水塘进出水控制设计参数

图 13-11　重庆国博中心雨水塘景观设计效果图

13.5.3　停车场海绵改造

重庆国博中心停车场主体建筑位于南北两侧，其中南侧停车场共计车位 2156 个，北侧停车场较大，共计车位 3082 个。根据地形高差，停车场分为 4 级阶梯式布置。N5、N6、N7、S4、S5 及 S6 停车场靠东侧，地势较高，与国博中心主体建筑物地面齐平，高程为 268 ～ 270m。S1、S2、S3、N1、N2、N3 和 N4 停车场高程逐级降低，S3 和 N4 停车场高程为 260m，S2 和 N3 停车场高程为 250m，S1、N1 及 N2 停车场高程为 240m。停车场分区示意如图 13-12 所示。

停车场海绵改造根据现状情况分别采用以下三种方式。

（1）将停车位之间的绿化空间改造为下沉式雨水花园

道路雨水经过侧壁花台条石豁口流入雨水花园，通过种植土、过滤层、砾石层净化后进入排水盲管中。盲管坡度 1%，将过滤收集的雨水排走。在雨水花园设置溢流井，顶端设置防堵塞雨水篦，当滞蓄的雨水径流高度超过溢流堰高度时，雨水溢流进入现状排水管网系统。停车场下沉式雨水花园的设计和建成效果如图 13-13、图 13-14 所示。

（2）将条形绿地改造为带收集模块的雨水花园

将停车场 N7 区域内占地面积大的条形绿地改造为集成 PP 雨水收集

模块的雨水花园。道路雨水经过侧壁豁口流入长条形绿地中的雨水花园，经过种植土、过滤层、砾石层净化后进入集水盲管，由集水盲管进入雨水检查井，汇入雨水收集模块（图 13-15）。

（3）雨水花园与雨水罐结合

将 N6、S2、S3、S4、N3、N4、N5 停车场的花池改造为下沉式雨水花园，雨水径流通过路沿石的豁口进入雨水花园进行水质净化、下渗和缓排，

图 例

----- 道路
[] 集水区
▨ 绿地

图 13-12　重庆国博中心停车场分区示意图

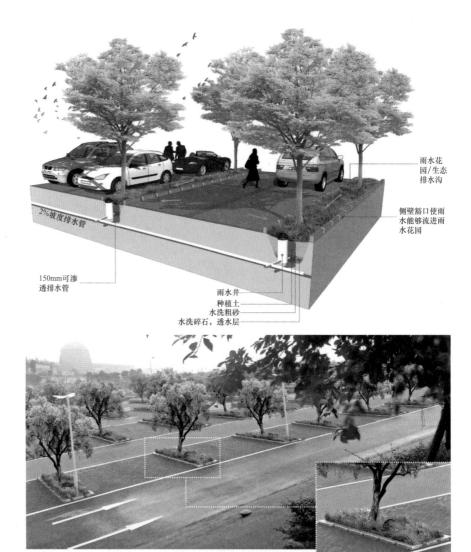

雨水花园/生态排水沟

侧壁豁口使雨水能够流进雨水花园

2%坡度排水管

150mm可渗透排水管

雨水井
种植土
水洗粗砂
水洗碎石，透水层

图13-13　重庆国博中心停车场绿带雨水花园改造示意图

图13-14　重庆国博中心停车场雨水花园改造实景图

图 13-15 重庆国博中心停车场绿带雨水花园与雨水收集模块改造示意图

流入盲管。连接几个花池的盲管导入总管汇集后穿过挡墙，流入下一层台地花坛内。在下层台地花坛中设置雨水罐，对雨水进行收集，用于整个停车场绿化的日常浇洒（图 13-16）。

13.5.4 滨江湿地改造

在滨江公园新增 14600m² 雨水湿地，用于净化国博中心南北两个片区的入江雨水径流，削减面源污染。设计结合场地高程和坡地特点，利

图 13-16 重庆国博中心停车场花池雨水花园改造示意图

图 13-17　重庆国博中心滨江湿地改造效果图

用公园有限的绿带空间及陡坎高差，整合公园内的低洼地，通过跌水、植物塘、阶梯式湿地等形式，形成分级雨水净化湿地，并与景观设计有机融合，创造滨水空间（图 13–17）。

13.6　总结

重庆国博中心海绵改造在系统分析的基础上，结合场地特征、设计指标进行统筹考虑，以"源头削减、过程控制、高收低用、末端处理"为改造思路，最终确定设计方案。制定了截污式雨水口、雨水花园、透水铺装、调蓄下池、雨水塘和雨水湿地组合式海绵设施雨水径流处理链，实现了削减雨水径流面源污染、缓排雨水径流和利用雨水资源的复合目标。

14 宿迁筑梦小镇海绵设计

14.1 项目背景

筑梦小镇位于宿迁电子商务产业园南部（图 14-1），包括公园绿地和商务办公区域，总面积 24.2hm²，绿化和水面面积超过总面积的一半，生态条件和海绵建设条件优越。

筑梦小镇的海绵建设旨在开发初期就融入海绵理念，并落实于建设的各个阶段，充分体现宿迁生态园林城市的特征，成为宿迁海绵建设展示和宣传示范的样板。

14.2 场地评估

14.2.1 气象条件

当地近 30 年（1984～2013 年）的降雨资料显示，2003 年为年降水量最大年，年降水量为 1518mm，2004 年为年降水量最小年，年降水量为 537.8mm，1986 年年降水量为 903.6mm，最接近多年平均降雨（892.4mm）。

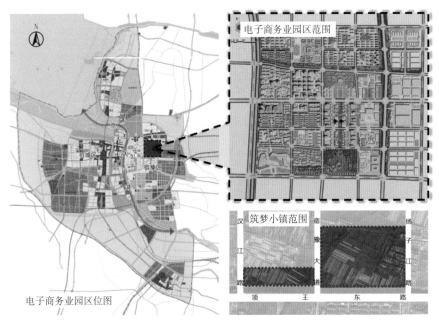

图 14-1 筑梦小镇整体区位图

14.2.2　地形特征

场地竖向介于 13.6 ～ 21.8m，西区地势由道路坡向两侧，东区地势由四周坡向中心；水体常水位 15.75m，主干路标高 18.5 ～ 19m，绿地标高 16.2 ～ 20m，如图 14-2 所示。

14.2.3　地质土壤

宿迁全市土壤共三类，分别为：分布于泗阳、宿豫两县（区）黄河故道南北两侧冲积平原的黄泛冲积物；分布于沭阳县内新沂河地区冲积平原的变质岩风化碎屑；分布于洪泽湖湖滨地区的湖积平原，主要由灰黑色泥质黏土组成。该项目位于宿豫区，土壤土质主要是黄泛冲积物。

14.2.4　下垫面组成

筑梦小镇总体绿化率为 38.9%，水面率达 22.2%，建筑密度仅 6.9%，具有较好的海绵设计条件。具体如图 14-3 所示。

14.2.5　水系格局

电商园区内河道已构成"两横、两纵"水系，通过牡丹江河、三干渠、世纪河、泰山河等工程形成环形水系，成为区域的骨干排水廊道（图 14-4）。泰山河是与筑梦小镇直接相通的外界河道，属于当地"黑臭水体"重点

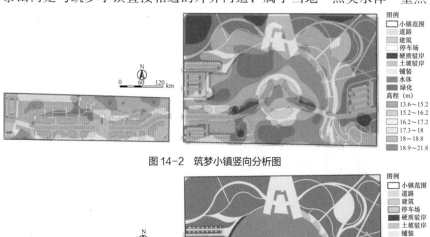

图 14-2　筑梦小镇竖向分析图

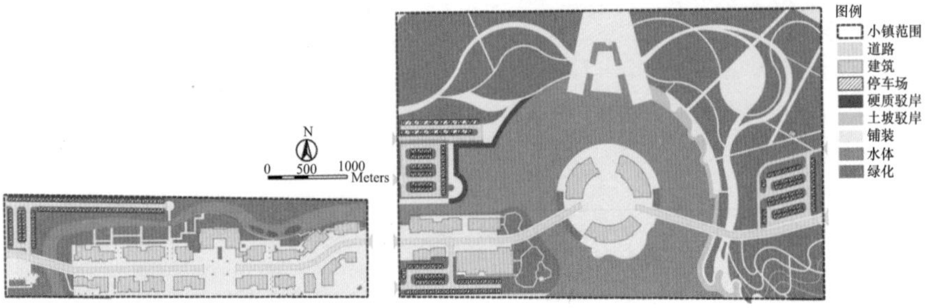

图 14-3　筑梦小镇下垫面解析图

整治河道，正在进行一系列水质提升工程，河道水质将逐步改善。

14.2.6 管网排水情况

根据雨水规划筑梦小镇区域及周边 90hm² 的电子商业园区雨水径流排入小镇内部景观水体。图 14-5 展示了电子商务产业园内的排口分布。

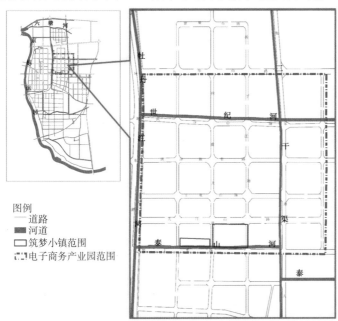

图 14-4 电子商务产业园及周边水系格局图

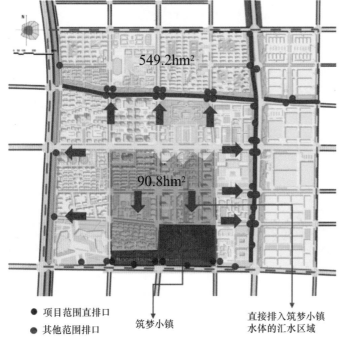

图 14-5 筑梦小镇所在的电子商务产业园排口分布图

14.3　目标与指标

筑梦小镇是新开发区，海绵建设的目的是展示一种新型的城市开发实践——如何利用海绵设施降低传统城市开发建设所带来的环境影响，从而实现可持续发展。筑梦小镇位于电子商务产业园的南门户，也是重要的绿色公共空间，在城市开发过程中面临的最大问题是径流面源污染。因此，综合场地条件及建设条件，根据海绵城市规划，筑梦小镇海绵建设的关键设计指标是水质保护，对应设计日雨量为29.2mm。

除此之外，还应考虑雨水的收集与处理技术，提高雨水资源利用率，通过海绵设施的综合应用，让筑梦小镇成为宿迁海绵建设、展示和研究的样本，形成海绵城市建设数据库。

14.4　设计思路

综合场地分析结果，围绕内部水体水质保证、雨水资源利用和海绵展示与研究这三个目标，合理组织场地内雨水径流路径，协调景观设计和施工建设的进度，构建系统化的海绵城市设计方案（图14-6）。

主要设计思路：

（1）场地区域内河道水质保护是海绵城市建设的首要目标

① 从源头削减内部径流污染；

② 空间受限区域布置物理拦截设施（如岗哨井、沉沙井等），减少入河颗粒垃圾；

③ 布置滨河湿地和循环湿地，净化入河排口水质；

④ 利用涵管连通西区和东区水体，保证水体连通；

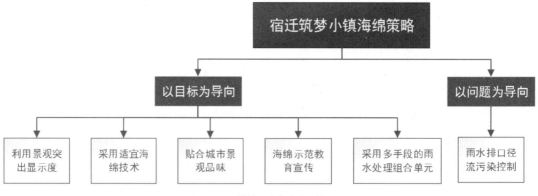

图14-6　筑梦小镇海绵建设策略图

⑤ 降低外围水体对内部水体的水质影响，在流通区域布置灵活式水质隔离带。

（2）提高雨水资源利用率，收集雨水并用于喷泉及绿化浇灌

① 收集北侧硬质广场和周边绿地下渗的雨水，作为北侧入口喷泉用水；

② 收集东侧停车场雨水，用于附近公厕冲洗及周边绿地浇灌；

③ 中心岛的绿地面积小，收集广场和屋顶散排雨水可用于绿地浇灌和旱喷用水。

（3）作为当地海绵城市建设海绵城市的研究基地

场地建设条件优越，具有海绵城市建设的展示性和宣传性，可作为当地海绵城市建设的研究基地。

① 建设海绵城市展示区，利用钢化玻璃制成的透水柜来进行设施剖面和地下部分展示；

② 在典型点布设观测仪器，定期收集和整理海绵设施运行数据，进行设施效果评估研究。

（4）设施选择

海绵城市典型设施功能各异，适用条件不同，需根据建设目标、汇水区面积、土壤特征、地面坡度等因素灵活选用。筑梦小镇的主要设计目标是削减径流污染，同时加强雨水资源利用，因此选择具有净化和调蓄功能为主的海绵设施，形成组合链。具体包括：

① 雨水花园：场地东区的斑块状绿地、景观竖向造坡以及停车场低洼地块，都非常适合建造雨水花园，收集并净化地表径流。

② 地下调蓄池：将雨水花园等海绵设施收集到的雨水存储于调蓄池中，回用于喷泉、绿化灌溉等。

③ 植草沟：用于衔接雨水花园，导流来自停车场、硬地、屋顶产生的雨水径流。

④ 生态树池：将景观方案中原有的树池改造为生态树池，增加下渗和净化，也可以很好地提高海绵城市建设的展示度。

⑤ 人工湿地：场地西区滨水带新增人工湿地，既可作为景观休闲湿地，也可控制西区硬质下垫面在雨季带来的径流污染。

14.5　设计方案

14.5.1　重点建设分区

根据总体思路与设计指标，确定重点海绵建设区域，包括停车场、主干道路、湿地、中心岛、东区绿地及广场及管网排口（图14-7）。

14.5.2　海绵设施布局

根据场地竖向及可利用的海绵建设空间划分每一个小汇水分区，共计72个，最大面积的汇水区约1.37hm²，最小面积的汇水区约61m²，具体如图14-8所示。

根据汇水分区、场地现状、海绵城市设计思路和规模计算，对场地内海绵设施进行工程布置。

停车场绿化改造成雨水花园，将原本的雨水篦位置调整到雨水花园内，停车场雨水通过竖向高程控制导流至雨水花园内，再溢流入内部雨水管网，东区4号停车场北侧区域下方埋设拱形调蓄设施，用于绿化浇灌和冲厕（图14-9）。

主干道绿化空间有限，以人行道雨水漫流进入生态树池为主。在东区西侧驳岸空间较大的地方打造树池链，可作为海绵试点示范。车行道雨水进入周边岗哨井成套设施（替换原有的雨水篦），最后进入内部雨水管网，以沉砂井作为排入河道前的末端径流污染控制设施（图14-10）。

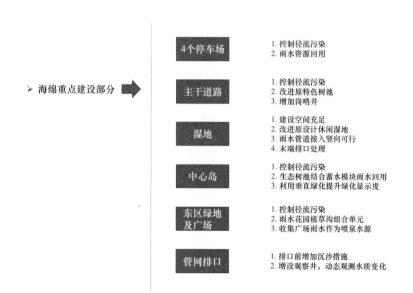

图14-7　筑梦小镇海绵重点建设部分示意图

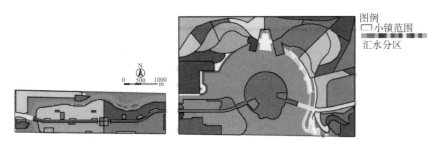

图 14-8 筑梦小镇汇水分区图

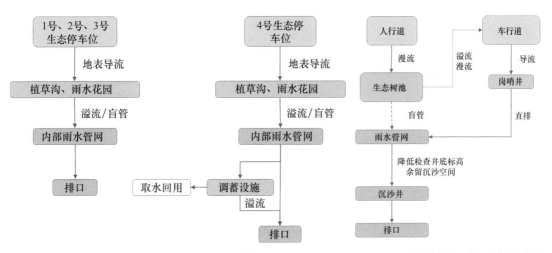

图 14-9 筑梦小镇停车场径流路径概念图

图 14-10 筑梦小镇主干道径流路径概念图

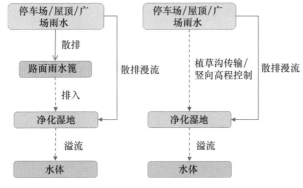

图 14-11 筑梦小镇人工湿地径流路径概念图

结合景观方案，在西区北侧打造人工湿地，通过竖向高程控制，使得散排雨水自然汇流到湿地后再排入河道，雨水管网收集的雨水也可断接至湿地，在排口末端布置沉砂井（图 14-11）。利用湖滨空间布置循环湿地，作为净化展示。

中心岛硬化率较高，结合带状景观绿化，加以竖向高程控制，主要是利用内部生态树池来处理雨水，结合雨水管网辅助桥边雨水花园收水，在末端加入沉砂净化井，最后进入中心岛两个调蓄池内，作为中心广场景观旱喷用水（图14-12）。

东区绿地及广场区域的整体绿化率较高，主要以植草沟导流，通过串联的雨水花园收集和调蓄雨水，并在北侧广场两侧布置调蓄池，用于绿地浇灌和中心岛喷泉用水（图14-13）。

筑梦小镇区域共涉及10类海绵设施，整体设施平面布局如图14-14所示。

14.5.3 雨水花园

停车场、东区绿地以及中心岛都布置了雨水花园，根据各个雨水花园的汇水分区和设计指标，计算雨水花园的滞蓄容积进而确定其规模（表14-1），并确定出水口水位和尺寸等。雨水花园设计参数见图14-15。

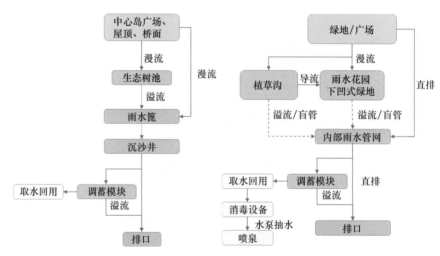

图14-12　筑梦小镇中心岛径流路径组织概念图

图14-13　筑梦小镇东区绿地广场径流路径组织概念图

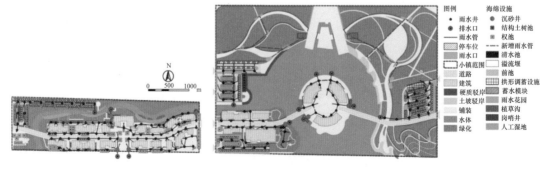

图14-14　筑梦小镇海绵设施布局图

筑梦小镇雨水花园设计规模（75% 径流总量控制率） 表 14-1

雨水花园编号	雨水花园汇水分区（m²）					服务面积产流量（m³）	标准雨水花园面积（m²）
	道路	绿化	屋面	硬地	合计		
1	0	2371	0	254	2625	15.6	35.4
2	0	2046	0	308	2354	15.3	34.7
3	0	2070	0	156	2226	12.3	27.9
4	0	451	0	176	627	5.6	12.7
5	0	2393	0	575	2968	22.2	50.5
6	0	2321	0	1080	3401	32.2	73.3
7	0	4523	0	195	4718	23.8	54.1
8	0	174	0	782	956	16.7	38.1
9	0	1524	0	1948	3472	46.5	105.7
10	0	2252	0	2517	4769	61.3	139.3
11	0	6090	0	2147	8237	70.6	160.4
12	0	1372	0	200	1572	10.1	22.9
13	0	1196	0	3372	4568	74.2	168.6
14	0	1279	0	282	1561	11.4	25.8
15	0	2726	0	674	3400	25.7	58.5
16	0	2200	0	976	3176	29.6	67.3
17	0	2141	0	936	3077	28.5	64.8
18	9	3767	0	714	4490	31.3	71.1
19	1	140	2	550	693	11.9	27.1
20	71	143	46	267	527	9.0	20.4
21	0	600	0	85	685	4.4	9.9
22	0	791	0	214	1005	7.8	17.8
23	0	1055	0	112	1167	6.9	15.7
24	0	857	0	178	1035	7.4	16.8
25	0	950	0	142	1092	7.1	16.0
26	0	2000	0	201	2201	12.9	29.2
27	1395	1374	23	1676	4468	75.5	171.5
28	3076	2028	0	2248	7352	131.2	298.1
29	2561	1892	0	2143	6596	115.6	262.8
30	1870	760	0	2744	5374	105.8	240.5

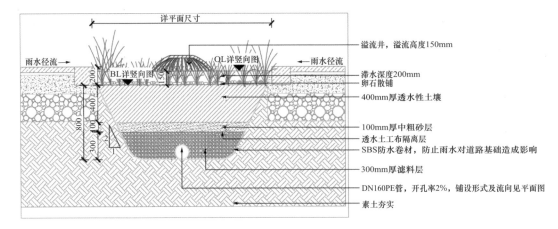

图 14-15　筑梦小镇雨水花园设计图

　　某些雨水花园进水方式多为集中进水，须设计防冲刷保护措施。应在集中进水口布置石块，降低流速并分散水流（图 14-16）。

　　溢流设施将雨洪通过溢流井转输到市政排水系统，确保雨水花园正常运行。溢流井高度和表面蓄水深度相同，通常布置在雨水花园中间（图 14-17）。

图 14-16　进水口布置石块的案例
（图片来源：https://www.sohu.com/a/140255114_199344；
http://blog.sina.com.cn/s/blog_c32e2c370102vmp7.html）

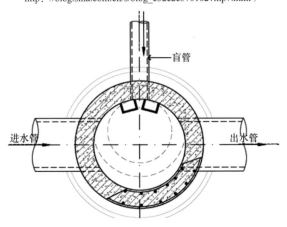

图 14-17　筑梦小镇雨水花园溢流井平面和剖面示意图（一）

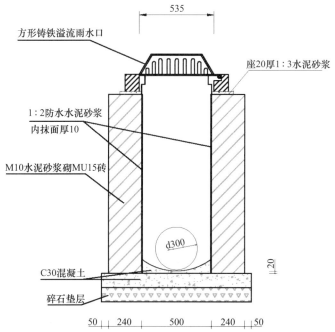

图14-17 筑梦小镇雨水花园溢流井平面和剖面示意图（单位：mm）（二）

14.5.4 植草沟

筑梦小镇采用了传输型植草沟，其设计断面为梯形，用于设施间水流传输及大雨时排除涝水，选取20年5min一遇峰值雨量作为设计雨量，利用曼宁公式对草沟断面进行计算。

以25号草沟为例，初定面宽1.2m，深0.3m，弧形边坡，设计条件下过水断面面积0.25m²，起端底高程15.8m，末端底高程17.75m，长度69m。草沟坡度为（17.75–15.8）/69 = 2.83%。

25号草沟汇流面积2359m²，20年5min一遇暴雨峰值雨量20.9mm，径流系数0.85。对应的径流量为2359m²×0.85×20.9mm/1000 = 4.19，入流峰值为41.9m³/（5×60） = 0.14m³/s。

根据曼宁公式$Q=\dfrac{1}{n}AR^{\frac{2}{3}}S^{\frac{1}{2}}$，其中，糙率$n = 0.075$，水力半径$R = 0.18$，过水面积$A = 0.25$，水力坡度$S = 0.0283$计算得出，过水能力为0.18m³/s。可见，设计的草沟过水能力大于汇水区20年一遇设计暴雨入流峰值，因此25号草沟符合设计要求。

14.5.5 生态树池

项目场地共设计136个生态树池（包括海绵展示的结构土树池），单个树池尺寸为1.5m×1.5m（图14–18），可根据现状对已开挖树池的大

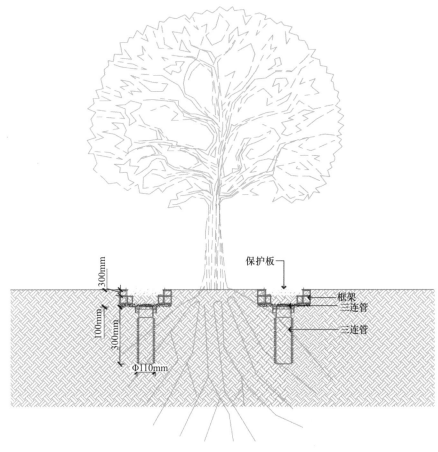

300mm
保护板
框架
100mm
300mm
三连管
三连管
Φ110mm

图 14-18　筑梦小镇生态树池示意图

小进行调整。

　　本次设计额外加入了结构土树池，作为海绵展示亮点工程。与一般的生态树池不同，结构土树池有更好的透水性和透气性，促进树根和树冠健康生长；但结构土树池占地面积较大，因此选择在停车场和大型广场区域放置（图 14-19）。

图 14-19　筑梦小镇结构土树池效果图

14.5.6 人工湿地

本次设计中，考虑在毗邻河道处打造 4 个小型人工湿地，发挥其净水功能。人工湿地的调蓄水深不宜超过 0.75m，以 0.5m 为宜，水力停留时间 72h。根据人工湿地服务汇水区域和设计指标，参考本书第 8 章、第 9 章的计算方法，确定人工湿地调蓄容积和面积规模（表 14-2）。

筑梦小镇人工湿地设计规模　　　　　　　表 14-2

湿地编号	汇水区面积（m²）	综合径流系数	产流量（m³）	实现水质保护指标需要的湿地面积（m²）	实现水质保护指标需要的调蓄容积（m³）
1	6285	0.54	99.1	247.8	125
2	3143	0.54	36.7	123.9	75
3	585	0.4	11.4	17.1	25
4	6133	0.67	120.0	300.0	175

14.5.7 调蓄设施

在中心岛广场、东区北侧广场以及 4 号停车场附近布置调蓄设施，主要用作绿地浇灌、雨水冲厕、道路冲刷以及喷泉用水。设施设计规模需参考江苏省绿化用水定额确定。

4 号停车场北侧雨水花园下的调蓄设施为 3 根 46m 长拱形渗透渠（图 14-20），侧向溢流。第一个为末端封闭型倒 U 形管，直接连接雨水管并在上方带有雨水篦，方便后期冲洗维护，其余在末端连接蓄水池，

溢水口

级配碎石

图 14-20 筑梦小镇拱形调蓄设施示意图及位置（一）

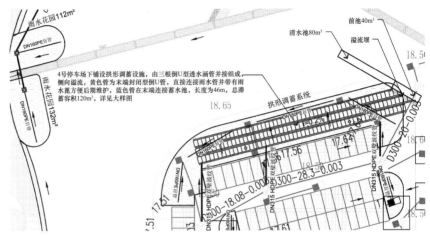

图 14-20　筑梦小镇拱形调蓄设施示意图及位置（二）

作为雨水浇灌和日常冲厕的水源，进水流速不宜超过 1.5m/s。

地表径流通过雨水花园净化处理后，缓释至调蓄设施。当调蓄池满浮球阀关住入流口，则会溢流至湖体。

根据雨水回用需求，调蓄规模须大于 $88m^3$；根据雨水花园的滞蓄容积，调蓄规模须大于 $115.6m^3$。详细计算见表 14-3。

筑梦小镇拱形调蓄设施规模计算　　　　表 14-3

拱形调蓄设施				
雨水回用—浇灌				
绿地浇灌面积（m^2）	用水定额 [L/（m^2·d）]	年浇水天数（d）	年浇灌所需总量（m^3）	3 天有效（m^3）
9146	2.5	122	2789.53	68.595
雨水回用—冲厕				
每个每天用水（L）	3 天有效（m^3）			
100	6			
雨水回用—停车场、道路浇洒				
浇洒面积（m^2）	定额 [L/（m^2·次）]	每天次数	3 天有效（m^3）	
4320	1	1	12.96	
合计（m^3）	88			
4 号停车场产流量（m^3）75% 控制率指标	115.6			

东侧广场的雨水回用需求，主要来自大面积绿地浇灌和喷泉需水量。雨水由东侧大部分雨水花园收集，并且经过雨水管导流进入左右两个调蓄池。根据室外给排水规范，室外工程的补水量可按最大水造景循环流量的 3% ～ 5% 估算。综合考虑，建议左右两个调蓄池规模各 $50m^3$。

中心岛广场旱喷流量较小，同时考虑区域产流量能够尽可能地回收利用，作为周边道路冲刷和广场植物补水，建议中心岛广场两个调蓄池规模各 20m³。详细计算见表 14-4。

筑梦小镇东侧广场与中心岛广场调蓄池规模计算 　　表 14-4

东侧广场调蓄设施				
雨水回用—浇灌				
绿地浇灌面积（m²）	用水定额 [L/（m²·d）]	年浇水天数（d）	年浇灌所需总量（m³）	3 天有效（m³）
9436	2.5	122	2877.99	70.77
喷泉流量（m³/h）		日启动时间（h）	日补水量（m³）	
136		2	13.6	
合计（m³）	84			
东侧广场 75% 控制率指标下产流量（m³）	1198			
中心岛广场调蓄设施				
喷泉流量（m³/h）		日启动时间（h）	日补水量（m³）	
4.85		2	0.485	
合计（m³）	1			
中心岛广场 75% 控制率指标下产流量（m³）	31.3			

14.6　总结

筑梦小镇具有天然的海绵城市建设优势，通过本次建设，削减和控制了内部区域径流污染，实现了水质保护指标。收集绿地及停车场初步净化过的雨水用于喷泉和周边绿地浇灌，提高了非常规水资源利用水平。同时，作为海绵城市建设示范项目，在筑梦小镇布设的监测仪器可用于后续研究和评估。

筑梦小镇海绵城市设计依据系统思路，围绕实际项目展开，契合当地园林城市的特征，是集管理、技术、展示和研究的典型示范。

15　连云港新丝路公园海绵设计

15.1　项目背景

连云港市新丝路公园属于新建工程，计划建设面积 10 万 m^2，重点展示丝绸之路沿线的海洋文化、黄河流域文化以及新疆中亚文化等。新丝路公园位于连徐高速与大港路交汇点处。公园主要分为公园主入口、市民活动区、艺术活动区、功能服务区。新丝路公园场地属于完全未开发绿地，景观初步设计如图 15-1 所示。

场地用地类型规划为公园绿地，结合收集到的当地城市总体规划、海绵城市建设专项规划和海绵城市建设实施方案，明确了场地海绵建设最低指标要求。因为场地属于新建区域，在设计方案时根据地势分析识别场地的内涝风险范围，低洼处利用自然汇流路径，布置海绵城市设施。

图 15-1　新丝路公园平面位置及景观初步设计图

15.2 场地评估

15.2.1 气象条件

新丝路公园所在地区多年平均降水量为 876.5mm，年降水量最大值为 1374.3 mm（2000 年），最小值为 549.3 mm（2002 年），多年月平均降雨量如图 15-2 所示。全市多年平均蒸发量为 855.1 mm，历年总蒸发量的年际变化不大。当地降雨有明显的季节性，降雨时空分布极不均，7、8 月主汛期内强降雨频发，合计达 430.9mm，占年降雨量的 50.4%。设计降雨量和雨型见表 15-1、图 15-3。

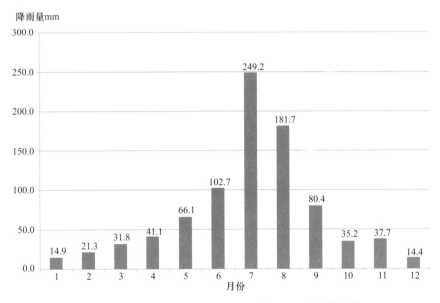

图 15-2　连云港 1980 ～ 2015 年实测多年月平均降雨数据分析

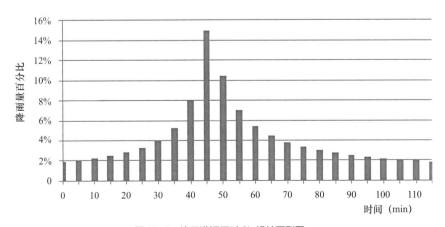

图 15-3　连云港短历时 2h 设计雨型图

	连云港短历时设计降雨量表（2h）				表 15-1
暴雨重现期	5 年一遇	10 年一遇	20 年一遇	30 年一遇	50 年一遇
降雨量（mm）	83.7	95.76	107.76	114.87	123.72

连云港地区暴雨强度公式如下：

$$q=\frac{1583.37(1+0.719\lg T)}{(t+11.2)^{0.619}} \qquad (15\text{-}1)$$

其中，q：设计暴雨强度 [L/（s·hm^2）]；

　　　T：设计降雨重现期（年）；

　　　t：设计降雨历时（min），$t=t_1+t_2$；

　　　t_1：地面集水时间（min），视距离长短、地形坡度和地面铺盖
　　　　　情况，取 5～15min；

　　　t_2：管渠内雨水流行时间（min）。

15.2.2　地形特征

对景观初步方案中的竖向设计进行用地条件和海绵设施建设可行性
分析（图 15-4）。

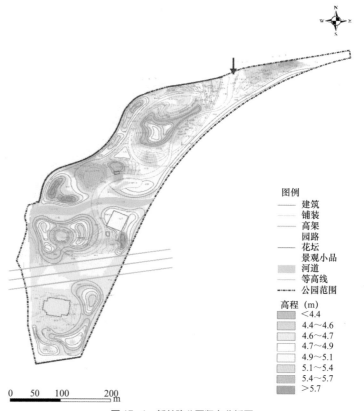

图 15-4　新丝路公园竖向分析图

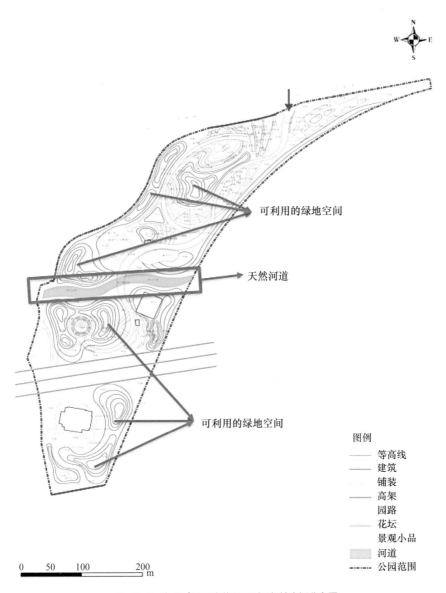

可利用的绿地空间

天然河道

可利用的绿地空间

图例
—— 等高线
—— 建筑
铺装
—— 高架
园路
—— 花坛
景观小品
河道
---- 公园范围

0 50 100 200 m

图 15-5 新丝路公园水体及可利用绿地空间分布图

15.2.3 绿地与水体空间格局

场地整体区域属于公共公园绿地，同时属于高速公路的缓冲地带，公园水体及绿地分布如图 15-5 所示。一条东西向河道穿过场地，需要管控排入河道的水体水质。场地内可利用的绿地空间需要开发和保护生态环境，根据实际需要可在场地内部构建景观水体和滞蓄水塘，其中水面及滨水绿带属于水敏感区域。

15.3 目标与指标

新丝路公园海绵改造的目的是实现初雨面源污染控制，同时，在保证场地内涝安全的情况下，尽可能少布置不必要的传统排水设施。

① 考虑到用地类型为绿地且工程为新建，因此场地具有有利的自然排水条件，选用年径流总量控制率85%对应的日降雨44.4mm作为水质保护指标。

② 为保证场地在开发后的排水安全，利用绿色排水设施替代传统排水管网，场地峰值控制指标确定为：保持场地开发后20年一遇的径流峰值流量不大于开发前，场地排水安全不小于20年一遇。

15.4 设计思路

海绵城市建设过程中，应统筹自然降水、地表水和地下水的系统性，协调给水、排水等水循环利用各环节，并考虑其复杂性和长期性。在本项目设计中，充分利用原有地形和下垫面，因地制宜地净化雨水、滞蓄雨水、缓排雨水，并实现雨水资源的有效利用。主要设计思路如下：

① 场地在开发前全部为绿地，开发后在公园中部和南部设计有平台广场和商业建筑。为降低开发后此类硬质地面带来的径流量及径流污染，着重考虑此类区域的海绵城市设计。

② 绿地在满足基本功能的前提下，应设计可消纳径流（雨水）的低影响开发设施，并通过溢流排放系统，与城市雨水管渠系统和超标雨水径流排放系统有效衔接。

③ 道路径流雨水进入绿地内的低影响开发设施前，应利用沉淀池、前置塘等对进入的雨水进行预处理，防止径流雨水对绿地环境造成影响。

④ 低影响开发设施内的植物宜选择耐盐、耐淹、耐污等本地植物。

本项目充分利用地形和下垫面的自然排水方式，净化、滞蓄和缓排雨水，控制径流峰值并利用雨水资源。

15.5 设计方案

15.5.1 排水分区划分

充分利用现有的自然汇流路径及低洼区域，在自然地形的基础上进行排水区划分（图 15-6），各分区面积见表 15-2。

图例

LID设施

盲管	
—— 出流管	—— 等高线
■ 泵池	建筑
■ 溢流井	铺装
■ 溢流槽	高架
■ 盖板沟	—— 园路
碎石沟	—— 花坛
■ 生态停车位	景观小品
植草沟	河道
雨水桶	----- 公园范围
雨水花园	
下凹式绿地	
雨水塘	

0 50 100   200 m

图 15-6 新丝路公园排水分区图

新丝路公园排水分区面积表　　　　　　　　　　表 15-2

排水分区编号	汇水面积（m²）	排水分区编号	汇水面积（m²）
1	1608	3	5367
2	2738	4	1954

续表

排水分区编号	汇水面积（m²）	排水分区编号	汇水面积（m²）
5	4511	24	1310
6	1518	25	1402
7	1166	26	3049
8	1820	27	397
9	665	28	6534
10	2367	29	1377
11	1379	30	4773
12	553	31	2874
13	1633	32	1380
14	1352	33	1099
15	6721	34	744
16	4301	35	2058
17	903	36	3272
18	1163	37	3011
19	1003	38	770
20	7695	39	887
21	778	40	1429
22	1095	41	2542
23	2088	42	2348

15.5.2　设施平面布局

借助地形竖向标高设计，因地制宜布局海绵设施（图15-7），包括雨水塘、下凹式绿地、雨水花园、植草沟、碎石沟、雨水桶、生态停车场、地下调蓄池等，增强公园的雨水净化、消纳、蓄滞能力，实现水质保护和峰值控制双重达标。

海绵设施需与景观设计密切配合，进行有效融合，体现功能性与美观性。

根据各个汇水分区的下垫面特征和产流情况、海绵设计目标与指标进行设施规模计算，具体如表15-3所示。

（1）公园主入口区

沿公园入口的主园路两侧设计植草沟来收集路面雨水；增加3个雨

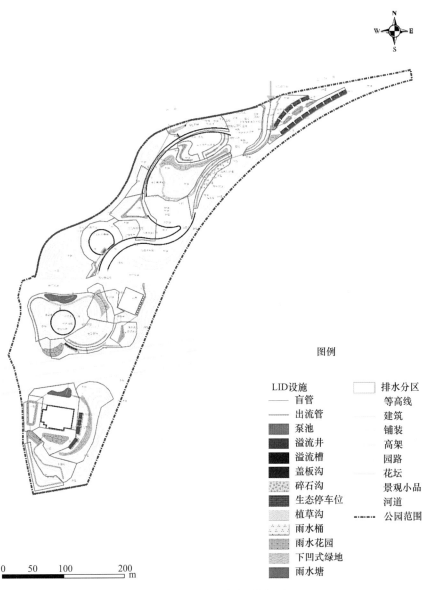

图 15-7 新丝路公园海绵设施布局图

				新丝路公园排水分区设施滞蓄容积计算表						表 15-3
编号	面积（m²）	绿地面积（m²）	硬地面积（m²）	5 年一遇产流（m³）	10 年一遇产流（m³）	20 年一遇产流（m³）	50 年一遇产流（m³）	上游汇水区	下游汇水区	设施滞蓄容积（m³）	应对标准
1	1608	1126	482	74.0	90.5	108.5	139.1	无	2 区下凹式绿地	110	20 年有效，50 年可控
2	2738	2464	274	103.1	130.1	159.9	214.4	无	6 区雨水花园	135.5	10 年有效，20 年可控
3	5367	4830	537	202.2	254.9	313.5	420.3	4 区雨水花园	5 区雨水塘	410	50 年有效

编号	面积（m²）	绿地面积（m²）	硬地面积（m²）	5年一遇产流（m³）	10年一遇产流（m³）	20年一遇产流（m³）	50年一遇产流（m³）	上游汇水区	下游汇水区	设施滞蓄容积（m³）	应对标准
4	1954	977	977	106.3	127.2	149.5	184.9	无	2、3区下凹式绿地	240	50年有效
5	4511	451	4060	320.9	373.2	426.8	500.6	6区雨水花园、3区下凹式绿地	河道	480	50年有效
6	1518	987	531	73.1	88.8	105.9	134.4	2区下凹式绿地	5区雨水塘	185	50年有效
7	1166	0	1166	87.8	101.6	115.6	134.2	11区雨水花园	道路市政管网	73.2	10年有效，20年可控
8	1296	1167	130	48.8	61.6	75.7	101.5	9区植草沟、10区下凹式绿地	15区碎石沟	102.65	50年有效
9	660	396	264	33.1	40.1	47.5	59.8	11区雨水花园	8区下凹式绿地	60.48	50年有效
10	2367	2130	237	89.1	112.4	138.2	185.4	无	8区下凹式绿地	136.42	20年有效，50年可控
11	1379	1034	345	60.6	74.6	89.9	116.5	无	9区植草沟、7区碎石沟	80	20年有效，50年可控
12	553	415	138	24.3	29.9	36.1	46.7	13区下凹式绿地	14区雨水塘	42	50年有效
13	631	379	252	31.7	38.3	45.4	57.2	无	12区下凹式绿地	45.5	20年有效，50年可控
14	1352	1352	0	45.2	58.2	72.8	100.3	12区下凹式绿地	河道	70	20年有效，50年可控
15	6515	4560	1954	299.9	366.8	439.5	563.4	8区下凹式绿地	河道	381	10年有效，20年可控
16	3107	1864	1243	156.1	188.7	223.7	281.4	无	17区下凹式绿地	189.3	10年有效，20年可控
17	903	813	90	34.0	42.9	52.7	70.7	16区雨水花园	路侧盖板渠	70	50年有效
18	877	307	570	53.2	62.9	73.0	88.4	无	20区下凹式绿地	82.5	50年有效
19	609	183	426	38.2	45.0	52.1	62.6	无	20区下凹式绿地	45.5	10年有效，20年可控

续表

编号	面积（m²）	绿地面积（m²）	硬地面积（m²）	5年一遇产流（m³）	10年一遇产流（m³）	20年一遇产流（m³）	50年一遇产流（m³）	上游汇水区	下游汇水区	设施滞蓄容积（m³）	应对标准
20	5987	5987	0	200.5	258.0	322.6	444.5	21、22区植草沟、18、19区雨水花园	23区溢流井直接排入市政管网	464.6	50年有效
21	950	665	285	43.7	53.5	64.1	82.1	无	20区下凹式绿地	97.2	50年有效
22	1095	931	164	43.5	54.4	66.4	88.0	无	20区下凹式绿地	112.32	50年有效
23	2094	209	1885	149.0	173.3	198.1	232.4	20区下凹式绿地	市政雨水管网	200	20年有效，50年可控
24	832	458	374	43.5	52.3	61.8	77.0	27区植草沟	20区下凹式绿地	108	50年有效
25	1402	1402	0	46.9	60.4	75.5	104.0	26区部分生态停车位的盲管	27区下凹式绿地	102.2	50年有效
26	3049	1220	1830	3049	40.00%	60.00%	1220	无	25区雨水花园和27区植草沟	341.7	50年有效
27	397	199	199	397	50.00%	50.00%	199	26区下凹式绿地和25区雨水花园	24区植草沟中溢流井	60.48	50年有效
28	3517	0	3517	264.9	306.5	348.6	404.6	无	河道	—	—
合计				2874.1	3484.0	4141.0	5233.0			4425.55	20年有效，50年可控

水花园用来收集地表径流，通过 HDPE 管将雨水导入西南侧的雨水花园；西侧的生态停车位通过盲管相连，将收集的雨水导入相接的雨水花园，最终流入向南侧延伸的植草沟；东侧生态停车位的雨水通过碎石沟导入南侧的下凹式绿地，最终流入居民活动区的下凹式绿地。公园主入口区海绵设施分布如图 15-8 所示。

（2）市民活动区

市民活动区南侧有一水幕广场，沿着广场中心布置一圈盖板渠，盖板渠中的雨水流入蓄水池，蓄水池容积为 90m³，长 9m，宽 5m，高 2m；市民活动区北侧沿雕塑广场设置 3 个雨水塘，用来收集园路两侧的雨水；

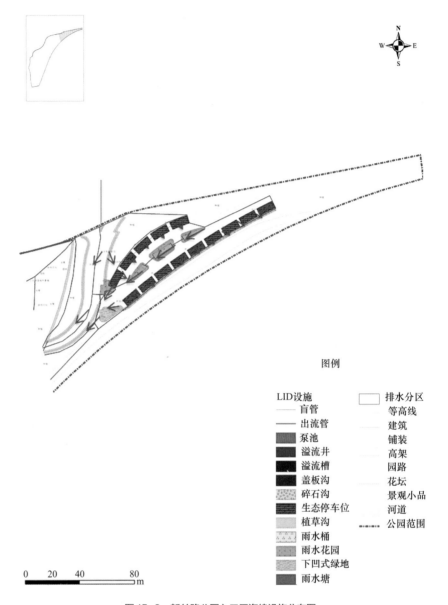

图例

LID设施	排水分区
盲管	等高线
出流管	建筑
泵池	铺装
溢流井	高架
溢流槽	园路
盖板沟	花坛
碎石沟	景观小品
生态停车位	河道
植草沟	公园范围
雨水桶	
雨水花园	
下凹式绿地	
雨水塘	

0 20 40 80 m

图15-8 新丝路公园入口区海绵设施分布图

靠活动区南侧的下凹式绿地面积为 875m²，收集南侧草沟及北侧雨水花园的雨水，最终将收集的雨水通过管道连接至北侧下凹式绿地，最后排入市政管网。整个居民活动区海绵设施分布如图 15-9 所示。

（3）艺术活动区

艺术活动区内，沿着中亚广场中心园路布置了一圈盖板渠，用来收集园路及广场的雨水；广场外侧的园路旁设置了草沟，用来收集园路的雨水，雨水根据地势走向沿两侧汇入雨水塘；下凹式绿地与草沟相接，收集广场地表及相邻道路的雨水；两个雨水花园收集沿路及其相连草沟的雨水，

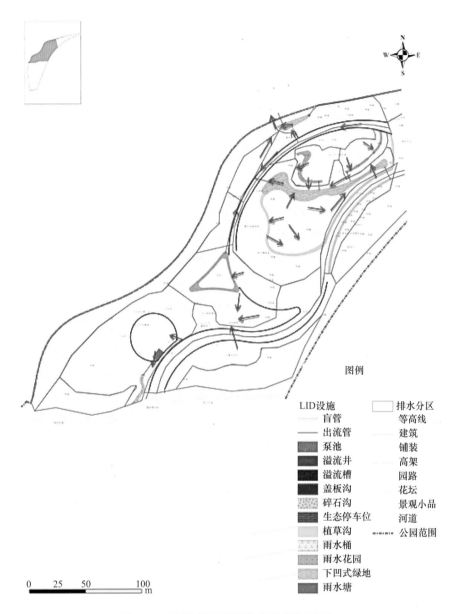

图 15-9　新丝路公园居民活动区海绵设施分布图

雨水最终汇入雨水塘后流入北侧河道；雨水桶一共 9 个，单个容积 6m³，
相互串联，顶部设置溢流口，溢流雨水流入下方的碎石沟。艺术活动区
海绵设施分布如图 15-10 所示。

（4）功能服务区

功能服务区南部设有两条植草沟，主要用来收集两侧园路的雨水，
收集的雨水导入与植草沟相连的雨水花园；东侧与北侧的 3 个雨水花园均
沿园路布置，且首尾相连，收集园路的雨水；中间方框内为办公区，区

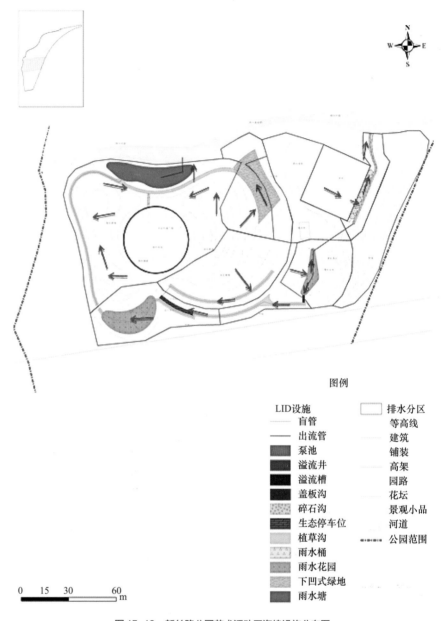

图例

LID设施
- ――――― 盲管
- ――――― 出流管
- ▨ 泵池
- ▨ 溢流井
- ■ 溢流槽
- ▨ 盖板沟
- ▨ 碎石沟
- ▨ 生态停车位
- ▨ 植草沟
- ▨ 雨水桶
- ▨ 雨水花园
- ▨ 下凹式绿地
- ▨ 雨水塘

- ▢ 排水分区
- ―――― 等高线
- ―――― 建筑
- ―――― 铺装
- ―――― 高架
- ―――― 园路
- ―――― 花坛
- ―――― 景观小品
- ―――― 河道
- ⊶⊶⊶⊶⊶ 公园范围

0 15 30   60 m

图15-10 新丝路公园艺术活动区海绵设施分布图

内沿着建筑设施布置盖板沟,用来收集屋顶及园路的雨水;生态停车位位于建筑物东侧,沿着生态停车位布置一条碎石沟并与下凹式绿地相连,将收集的雨水导入下凹式绿地,下凹式绿地与雨水塘由草沟衔接,雨水塘为干塘,雨季临时调蓄雨水。公园功能服务区海绵设施分布如图15-11所示。

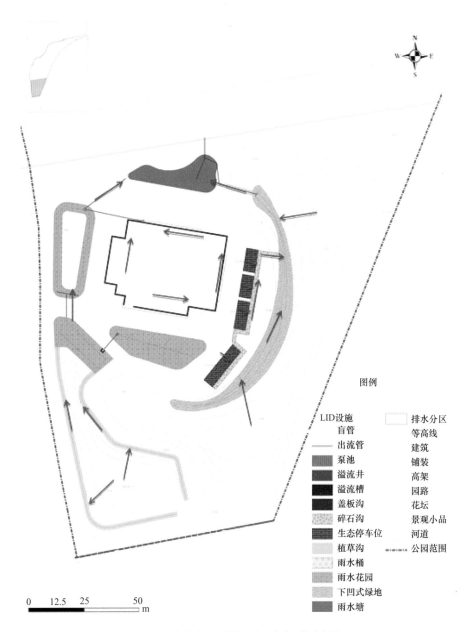

图例

LID设施
盲管
—— 出流管
泵池
溢流井
溢流槽
盖板沟
碎石沟
生态停车位
植草沟
雨水桶
雨水花园
下凹式绿地
雨水塘

排水分区
等高线
建筑
铺装
高架
园路
花坛
景观小品
河道
公园范围

0 12.5 25   50
              m

图 15-11 新丝路公园功能服务区海绵设施分布图

15.6 总结

新丝路公园已施工完毕，建设完成后的场地与设计时排水安全核算结果一致，满足设计水质保护指标（对应日降雨量 44mm）及峰值控制指标（20 年一遇 2h 对应降雨）。新丝路公园排水安全核算结果如图 15-12 所示。

在公园建设过程中，融合了海绵城市建设理念，考虑本地降雨气候特征、场地地形、下垫面情况和开发意向，因地制宜地设计了海绵雨水系统，

采用了"渗""滞""蓄""净""用""排"相关技术，将绿色排水
与局部灰色排水进行了有机的融合，发挥了海绵公园的综合效益。

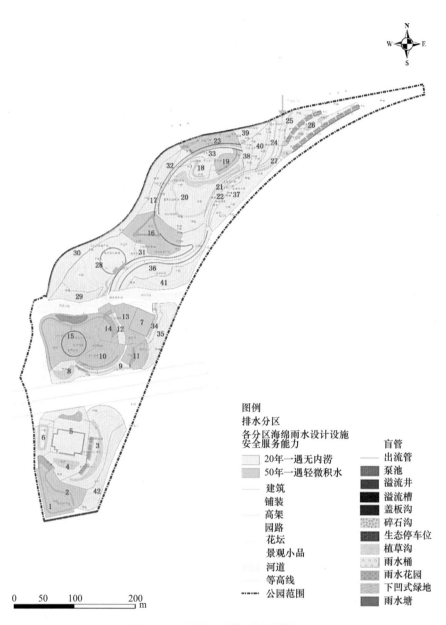

图15-12 新丝路公园排水安全核算结果

附录1　术语及名词解释

1. 海绵设施（Sponge Device）：是城市源头雨水收集、控制、处理设施的统称，即低影响开发（Low Impact Development，LID）设施。是中国在推动海绵城市建设理念后，对国外引入的低影响开发设施概念的本地化定义。在本书中，已介绍了一系列典型海绵设施。

2. 水质保护容积（Water Quality Volume，WQV）：为截留初期雨水径流中的泥沙和污染物，达到水质保护指标，根据日设计雨量，海绵设施需要为服务面积提供雨水滞蓄而不外排的容积。通常这是海绵设施需要达到的最低功能指标。

3. 生态缓排容积（Extended Detention Volume，EDV）：海绵设施为达到生态缓排指标（日设计雨量），存储雨水径流，并在至少24h以后才能排空的临时调蓄容积。

4. 峰值控制容积（Peak Discharge Reduction Volume，PDV）：为保证场地开发后外排流量峰值不大于开发前，需要提供的相应设计暴雨时临时调蓄容积。

5. 永久容积（Dead Volumn）：也称死容积，指具有调蓄功能的海绵设施保持在最低水位以下的不外排容积。

6. 汇水区（Catchment）：指地表径流汇聚到同一出水口的过程中所流经的地表区域。

7. 过渡层（Transition Layer）：海绵设施垂向垫层中，防止滤料或过滤介质进入排水层或排水系统的介质层。

8. 过滤介质（Infiltration Media）：种植土或经过配比后的种植土介质。

9. 孔口（Orifice）：具有一定直径、限制流量的出水口。

10. 盲管（Perforated Pipe）：一种地下排水设施，通常是铺在回填砾石层中的带孔排水管道，便于下渗到底部砾石层的雨水排走。

11. 紧急泄洪道（Emergency Spillway）：应对特大暴雨时，海绵设施用于应急排除洪水的通道。

12. 预处理单元（Pre-treatment unit）：预处理单元可以去除一些可能影响后续水处理设施性能的污染物，例如过滤带、砂滤器和雨水篦过滤器等。

13. 协同设计（Integrated Design）：指海绵设施在设计时，除市政给水排水专业的设计外，还需要综合考虑其他专业的衔接设计。

14. 生物过滤（Biofiltration）：借助植物密度、高度、阻抗性等特定特征的雨水过滤过程。

15. 生物滞留（Bioretention）：利用过滤介质及多年生植物，去除雨水径流中污染物和沉淀物的过程。

16. 渗滤（Percolation）：在重力作用下，水在土壤中的移动。

17. 渗透性（Permeability）：土壤水传导能力。渗透性系数（k）可以由流体的水力传导系数乘以黏度系数，除以密度和重力常数来决定。

18. 水力滞留时间（Hydraulic Residence Time）：径流流经某个水体或海绵设施的平均时间。

19. 沉积物（Sediment）：原指地质学专业术语，为任何可以随流体流动的微小颗粒，并最终成为在水体底部的一层固体微小颗粒。

20. 降雨量百分位数（Percentile Storm Depth）：通过降雨场次统计，控制给定百分数相应的雨量。以 0 ～ 100 之间的数值表示。如第 95 百分位值的降雨，代表其大于降雨事件系列中 95% 的较小降雨场次，并且小于 5% 的较大降雨场次。

附录 2　美国土壤保持局（U.S. SCS）径流参数及径流量计算

SCS 降雨径流计算方法适用于城市化后的小流域水文计算，于 1975 年由美国农业部初次发布，并于 1986 年经过修订完善后沿用至今。下面对美国农业部（USDA）出版的《Urban Hydrology for Small Watersheds》TR–55 导则中的 SCS 计算方法进行简述。

1. 地表产流计算

（1）产流雨量与降雨量曲线

SCS 计算法中，总降雨量（P）与净雨量（Q）的关系如式 1：

$$Q = \frac{(P - I_a)^2}{(P - I_a) + S} \qquad （式 1）$$

式中，Q：地表径流量（mm）；

　　　P：降雨量（mm）；

　　　S：降雨产生后可能最大土壤蓄水量（mm）；

　　　I_a：初始损失（mm）。

其中初始损失（I_a）为降雨产流前的降雨量扣损，包括地表填洼、植被截留、蒸发雨量等。初始损失（I_a）数值不易确定，可采用经验公式 $I_a = 0.2S$ 计算得到。新西兰奥克兰市推荐初始损失的值取用常数，即根据透水区域和不透水区域选用 I_a，其中透水地表的 I_a（透水）取 5，不透水地表的 I_a（不透水）取 0。

土壤可能最大蓄水量（S）通常由式 2 计算，单位为 mm：

$$S = \left(\frac{1000}{CN} - 10 \right) \times 25.4 \qquad （式 2）$$

式中，CN 为产流曲线值，是地表产流能力的综合反映，取值范围 0～100（0 代表无产流，100 代表全产流）。

不同 CN 与 I_a 值下的降雨径流关系如图 1 所示。

（2）CN 值

根据表 1 可以查得不同土壤类型和下垫面下的 CN 值。对于有多种土壤类型和下垫面组成的集水区，可采用面积加权平均法计算集水区的综合 CN 值，见式 3。

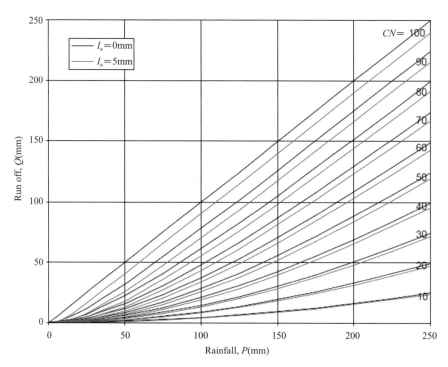

图1　不同 *CN* 与 I_a 值下的降雨产流曲线图

（图片来源：Guidelines for stormwater runoff modelling in the Auckland Region）

$$CN = \frac{\sum CN_i A_i}{A_{\text{tot}}} \qquad （式3）$$

初始损失根据式4计算：

$$I_a = 5\left(\frac{A_{\text{perv}}}{A_{\text{tot}}}\right) \qquad （式4）$$

式中　CN_i：第 i 种土壤类型和下垫面的 *CN* 值；

$\quad\quad A_i$：第 i 种土壤类型和下垫面的集水面积；

$\quad\quad A_{\text{tot}}$：集水区总面积；

$\quad\quad A_{\text{perv}}$：集水区内透水地块面积。

上述方法只适用于往同一收水口汇流的集水区。如有多个收水口，建议根据收水口汇水范围不同来划分相应子集水区，分别计算各子集水区的 *CN* 值。

城市地区 *CN* 值　　　　　　　　　　　　　表1

地表类型和水文状况	不同土壤类型的 *CN* 值			
	A	B	C	D
开放空间（草地、公园、高尔夫球场、墓地等）				
草地覆盖率＜50%	68	79	86	89
草地覆盖率50%～75%	49	69	79	84

续表

地表类型和水文状况	不同土壤类型的 *CN* 值			
	A	B	C	D
草地覆盖率 > 75%	39	61	74	80
不透水区域				
停车场、屋顶、私人车道等	98	98	98	98
街道道路				
铺设好的道路、路缘和雨水渠	98	98	98	98
铺设好的明渠	83	89	92	93
碎石路面	76	85	89	91
泥土路	72	82	87	89

注：土壤类型说明：
　　A 组土壤入渗率高，即使在彻底浸湿的情况下仍有较高入渗率，主要为下渗极好的粗糙沙砾或砾石、沙砾土、沙土、壤质砂土、砂质壤土；
　　B 组土壤颗粒中度细腻至中度粗糙，在彻底浸湿时具有中度入渗率，主要为下渗较好的粉砂壤土或壤土；
　　C 组土壤在彻底湿润时入渗速率较低，主要为粉质黏土，土壤中有一层阻碍水分渗入的土层，土壤质地中度细腻至细腻；
　　D 组土壤细腻紧实，在彻底润湿时入渗率非常低，主要为黏土、具有永久高地下水位的土壤，或在靠近地表处具有黏土层的土壤，以及不透水材料上的浅层土壤。

使用该方法计算降雨产流时需注意：

① 如果计算得到的地表径流量（ *Q* ）小于 12.7mm，则结果的精度会差一些，需采用其他方法对计算结果对比分析。

② 计算集水区综合 *CN* 值时，需要注意两种情形：不透水区域降雨径流直接进入管网，和不透水区域降雨径流先经过透水区域再进入管网。后者情形的 *CN* 值计算时需进行修正，具体参见 TR-55 导则中的"Antecedent runoff condition"说明。

③ 不适用于融雪水及冻土降雨产流计算。

2. 地表汇流计算

使用 SCS 单位线法进行集水区地表汇流计算。需要注意的是，该方法仅适用于集水区内无调蓄容积或少量调蓄容积的地表汇流计算。

（1）单位线法

SCS 单位线法计算地表汇流如图 2 所示，其中降雨峰值时间 t_p 小于集中汇流时间 t_c，SCS 单位线中将 t_c 定义为下图 2 所示，与 t_p 关系如式 5 所示。

$$t_p = \frac{2}{3} t_c \qquad （式 5）$$

（2）汇流时间

借鉴奥克兰相关研究，可通过式 6 计算汇流时间 t_c。

254

R 附录2　美国土壤保持局（U.S. SCS）径流参数及径流量计算
unoff Parameters and Volume Calculation from United States Soil Conservation Service

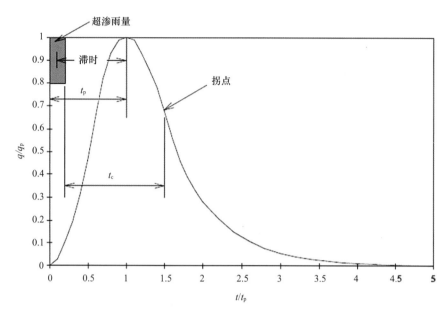

图2　SCS单位线曲线图

$$t_c = 0.14CL^{0.66}\left(\frac{CN}{200-CN}\right)^{-0.55}S_c^{-0.30} \qquad （式6）$$

式中，t_c：集中汇流时间（h），最小集中汇流时间为0.17h（10min）；

　　　C：考虑城市化对径流速度的影响因子，管网渠化系数$C=0.6$，

　　　　　人工植草沟$C=0.8$；

　　　L：汇水区最长汇流路径长度（km）；

　　　CN：综合产流曲线值；

　　　S_c：汇水区坡度（m/m），通过等面积法获得。

公式6适用于具有同一收水口的集水区，否则应根据收水口分布划分子集水区，分别使用不同的影响因子（C）和CN值计算汇流时间。

利用上述单位线和设计降雨扣损后净雨过程，汇流计算便可以得出流域产流过程。

（3）峰值流量也可以用图解法计算

应用式7计算峰值流量q_p：

$$q_p = q^* \times A \times P_{24} \qquad （式7）$$

式中，q_p：峰值流量（m³/s）；

　　　q^*：流量峰值模数[（m³/s）/（km²·mm）]；

　　　P_{24}：24小时设计雨量（mm）；

　　　A：汇水区面积（km²）。

流量峰值模数（q^*）与汇流时间（t_c）和径流指数（c^*）有关，关系

曲线图见图 3，$c*$ 可根据式 8 计算：

$$c* = （P_{24} - 2I_a）/（P_{24} - 2I_a + 2S）\qquad（式 8）$$

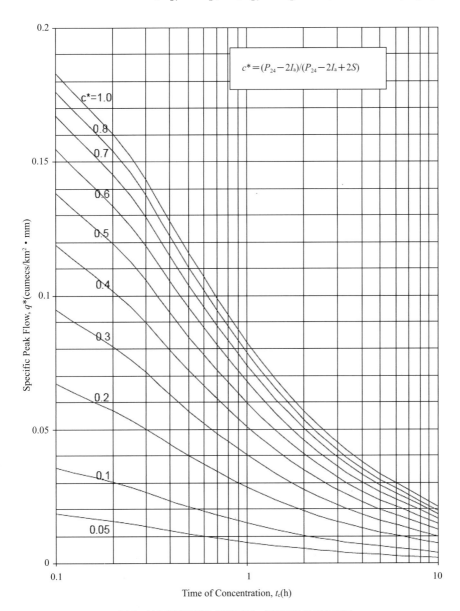

图 3　流量峰值模数与汇流时间、径流指数关系曲线图

参考文献

[1] Auckland Council.Stormwater Management Devices Design Guidance Manual[S].Auckland: Auckland Council's Technical Publication 10 (TP10), 2003.

[2] Auckland Council. Guidelines for stormwater runoff modelling in the Auckland Region[S]. Auckland: Auckland Council's Technical Publication 108 (TP108), 1999-04.

[3] Auckland Council. Water Sensitive Design for Stormwater[S/OL]. Auckland: Auckland Council's Guideline Document 004 (GD04), 2015-03.http://www.aucklanddesignmanual.co.nz/regulations/technical-guidance/wsd.

[4] Auckland Council.Stormwater Management Devices in the Auckland Region [S/OL]. Auckland: Auckland Council's Guideline Document 001 (GD01), 2017-12. http://content.aucklanddesignmanual.co.nz/regulations/technical-guidance/stormwatermanagement/Documents/GD01_SWMD.pdf.

[5] Auckland Council.Control Guide for Land Disturbing Activities in the Auckland Region [S/OL]. Auckland: Auckland Council's Guideline Document 005 (GD05), 2016-6. http://content.aucklanddesignmanual.co.nz/regulations/technical-guidance/Documents/GD05%20Erosion%20and%20Sediment%20Control.pdf.

[6] 中华人民共和国住房城乡建设部.海绵城市建设技术指南——低影响开发雨水系统构建 (试行)[S/OL]. 北京 : 住房城乡建设部 , 2014-10-22. https://wenku.baidu.com/view/4722aecd2e3f5727a5e96293.html.

[7] 江苏省住房和城乡建设厅 . 江苏省海绵城市专项规划编制导则 (试行) [S/OL]. 南京 : 江苏省住房和城乡建设厅 , 2016-07-18. http://jsszfhcxjst.jiangsu.gov.cn/module/download/downfile.jsp?classid ＝ 0&filename ＝ 9ab20660252d47ffb850df52ffa51d8a.pdf.

[8] Henry County Board of Commissioners. Why Stormwater Matters [EB]. Georgia: Henry County Board of Commissioners, 2009.

[9] Brown R., Keath N., Wong T. Urban water management in cities: historical, current and future regimes[J]. Water Science & Technology, 2009, 59: 847-855.

[10] Khan Z. et al. Biofiltration Swale Performance: Recommendations and Design Consideration[R]. Seattle Metro and Washington Ecology. Publication No. 657. Washington: Washington Dept. of Ecology, 1992.

[11] Barrett et al. Performance of Vegetative Controls for Treating Highway Runoff[J]. Journal of Environmental Engineering, 1998, 124 (11): 1121–1128.

[12] Yousef et.al. Removal of Contaminants in Highway Runoff Flowing Through Swales[J]. The Science of the Total Environment, 1987, 59: 391–399.

[13] WongT.H.F. Swale Drains and Buffer Strips[R]// Monash University. Planning and Design of stormwater Management Measures. Victoria Australia: Monash University, undated: Chapter 6.

[14] Fletcher, T.D. Vegetated Swales – simple, but are they effective?[R]. Victoria Australia: Victoria Australia and CRC for Catchment Hydrology, 2002.

[15] Mitchell, C. Pollutant removal mechanisms in artificial wetlands[R]. Gold Coast: Course notes for the IWES International Winter Environmental School, 1996.

[16] Timperley, M; Golding, L; Webster, K. Fine particulate matter in urban streams: Is it a hazard to aquatic life?[C] Second South Pacific stormwater conference: Rain the forgotten resource, 2001.

[17] Wiese, R. Design of urban stormwater wetlands[S]// The Constructed Wetlands manual. New South Wales: Department of Land and Water Conservation, 1998: Vol 2.

[18] Wong, T., Fletcher, T., Duncan, H., Jenkins, G.. A unified approach to modelling urban stormwater treatment[C]. Second South Pacific stormwater conference: Rain the forgotten resource, 2001.

[19] Larcombe, Michael. Design for Vegetated Wetlands for the Treatment of Urban Stormwater in the Auckland Region[C].Auckland: Auckland Regional Council, 2002.

[20] Kadlec, R., Knight, R. Treatment Wetlands[M].Victoria Australia: CRC Press, Lewis Publishers, 1996.

[21] Wong, T.H.F., Breen, P.F., Somes, N.L.G., and Lloyd, S.D. Managing Urban Stormwater Using Constructed Wetlands[R].Victoria Australia: Cooperative Research Centre for Catchment Hydrology, and Department

of Civil Engineering, Monash University, Cooperative Research Centre for Freshwater Ecology and Melbourne Water Corporation, 1998.

[22] Steven W. Peck, Chris Callaghan, Monica E. Kuhn, Brad Bass. Greenbacks From Green Roofs: Forging a New Industry in Canada – status report on benefits, barriers and opportunities for green roof and vertical garden technology diffusion[R/OL]. Canada: P&A, Environmental Adaptation Research Group, Environment Canada, 1999.3. http://www.doc88.com/ p–5075475138787.html.

[23] Green Roof Service LLC, Green Roof Technology. Not all green roofs are green[R/OL]. Baltimore, Maryland: Green Roof Service LLC, Green Roof Technology, 2009. http://www.greenrooftechnology.com/LiteratureRetrieve. aspx?ID ＝ 53260&A ＝ SearchResult&SearchID ＝ 31857950&ObjectID ＝ 53260&ObjectType ＝ 6.

[24] 北京市园林绿化局 . 屋顶绿化规范 DB11/T 281—2015.

[25] 河北省林业局 . 屋顶绿化技术规程 DB13/T 1433—2011.

[26] 上海市绿化管理局 . 上海市屋顶绿化技术规范 (试行) 沪绿 [2008] 25 号 .